水利水电混凝土工程单元工程施工质量验收评定表实例及填表说明

郭海　彭立前　等　编著

中国水利水电出版社
www.waterpub.com.cn

·北京·

内 容 提 要

2012年9月、2013年8月，水利部发布了《水利水电工程单元工程施工质量验收评定标准》（SL 631～637—2012、SL 638～639—2013）9项水利行业标准，为推动9项标准的执行，以及进一步帮助广大水利水电工程质量管理人员理解和掌握标准，松辽水利委员会水利工程建设管理站组织相关专家编写了水利水电工程施工质量评定表及填表说明。本书对应《水利水电工程单元工程施工质量验收评定标准——混凝土工程》（SL 632—2012），包括混凝土工程单元工程施工质量验收评定表格 136 个，其中样表表格 68 个，实例表格 68 个，具有较强的理论性、实践性和操作性。

本书既可供广大水利水电工程施工单位、监理单位和项目法人单位的施工管理人员和质量管理人员参考使用，也可供从事水利水电工程质量监督、设计人员和高等院校工程质量专业师生参考使用。

图书在版编目（CIP）数据

水利水电混凝土工程单元工程施工质量验收评定表实例及填表说明 / 郭海等编著. -- 北京：中国水利水电出版社，2019.8
ISBN 978-7-5170-7882-1

Ⅰ. ①水… Ⅱ. ①郭… Ⅲ. ①水利水电工程－混凝土工程－工程质量－工程验收－表格 Ⅳ. ①TV512

中国版本图书馆CIP数据核字(2019)第162468号

书　　名	水利水电混凝土工程单元工程施工质量验收评定表实例及填表说明 SHUILI SHUIDIAN HUNNINGTU GONGCHENG DANYUAN GONGCHENG SHIGONG ZHILIANG YANSHOU PINGDINGBIAO SHILI JI TIANBIAO SHUOMING	
作　　者	郭海　彭立前　等 编著	
出版发行	中国水利水电出版社 （北京市海淀区玉渊潭南路 1 号 D 座　100038） 网址：www. waterpub. com. cn E - mail：sales@ waterpub. com. cn 电话：（010）68367658（营销中心）	
经　　售	北京科水图书销售中心（零售） 电话：（010）88383994、63202643、68545874 全国各地新华书店和相关出版物销售网点	
排　　版	中国水利水电出版社微机排版中心	
印　　刷	清淞永业（天津）印刷有限公司	
规　　格	184mm×260mm　16 开本　15.5 印张　368 千字	
版　　次	2019 年 8 月第 1 版　2019 年 8 月第 1 次印刷	
印　　数	0001—2000 册	
定　　价	**68.00** 元	

编 写 人 员 名 单

主　　编：郭　海　彭立前

副 主 编：贾长青　蔡永坤

编写人员：张越鹏　杜　臣　杨　微　刘长怡
　　　　　吴希华　慕香文　高志远　金　丽
　　　　　刘国忠　李留安　赵广民　李春红
　　　　　陈自强　范文涛　王立勇　刘　佳
　　　　　韩建鹏　赵松涛

前　言

为进一步加强水利水电工程施工质量管理，统一单元工程施工质量验收评定标准，规范工程质量评定工作，2012 年 9 月、2013 年 8 月，水利部分别以〔2012〕第 57 号、〔2013〕第 39 号公告发布了《水利水电工程单元工程施工质量验收评定标准》（SL 631～637—2012、SL 638～639—2013）（以下简称《新标准》），包括土石方工程、混凝土工程、地基处理与基础工程、堤防工程、水工金属结构安装工程、水轮发电机组安装工程、水力机械辅助设备系统安装工程、发电电气设备安装工程、升压变电电气设备安装工程，分别自 2012 年 12 月、2013 年 11 月开始实施。《新标准》替代了原《水利水电基本建设工程单元工程质量等级评定标准（试行）》（SDJ 249.1～6—1988）和《水利水电基本建设工程单元工程质量等级评定标准（七）——碾压式土石坝和浆砌石坝》（SL 38—1992）、《堤防工程施工质量评定与验收规程（试行）》（SL 239—1999）。

自《新标准》实施以来，水利部及相关省市根据《新标准》的要求，结合工程实际情况，编写了水利水电工程施工质量评定表及填表说明。2016 年 4 月，水利部建设与管理司组织编制出版了《水利水电工程单元工程施工质量验收评定表及填表说明》（上、下册）（以下简称《新填表说明》），包括土石方工程、混凝土工程、地基处理与基础工程、堤防工程、水工金属结构安装工程、水轮发电机组安装工程、水力机械辅助设备系统安装工程、发电电气设备安装工程、升压变电电气设备安装工程。

松辽水利委员会水利工程建设管理站为推动《新标准》及《新填表说明》的贯彻落实，提升质量管理人员对《新标准》的理解和执行，组织松辽流域四省（自治区）质量监督机构、察尔森水库除险加固工程等大型工程参建单位、中国水利水电第六工程局有限公司的专家收集整理了不同类型工程的实际案例，编写了《水利水电工程单元工程施工质量验收评定表实例及填表说明》（以下简称《实例及说明》）。旨在结合工程实际案例，对《新标准》进行具体诠释，为工程建设的各参建方和工程质量监督人员提供帮助和指导。

《实例及说明》对应《新标准》（SL 631～637—2012、SL 638～639—2013）及《新填表说明》，分为 9 册，本书是其中之一，包括混凝土工程单元工程施工质量验收评定表格 136 个,其中样表表格 68 个,实例表格 68 个。在实际工程中,如有《新标准》尚未涉及的单元工程时,其质量标准及评定表格,由项目法人组织监理、设计、施工单位根据设计要求和设备生产厂商的技术说明书,制定施工、安装的质量验收评定标准,并按《新标准》的格式(表头、表身、表尾)制定相应的质量验收评定表格,报相应的质量监督机构核备。

本书选用的案例较多,因编著时间较短,相关资料不足和编者水平有限,书中难免有不完善之处,案例选择也不尽完善。敬请各位读者和工程质量管理人员在使用过程中如发现问题及时与编者联系,不胜感激。

本书在编写过程中得到了松辽水利委员会有关领导、专家的大力协助,在此一并表示感谢。

编者

2019 年 1 月

填 表 基 本 规 定

《水利水电混凝土工程单元工程施工质量验收评定表》（以下简称《混凝土工程质评表》）是检验与评定施工质量及工程验收的基础资料，也是进行工程维修和事故处理的重要凭证。工程竣工验收后，《混凝土工程质评表》将作为档案资料长期保存。因此，必须认真做好《混凝土工程质评表》的填写工作。

一、基本要求

单元（安装质量检验项目）工程完工后，应及时评定其质量等级，并按现场检验结果，如实填写《混凝土工程质评表》。现场检验应遵守随机取样原则，填写《混凝土工程质评表》应遵守以下基本要求。

1. 格式要求

（1）表格原则上左右边距各 2cm，装订线 1cm，装订线在左，上边距 2.54cm，下边距 2.5cm，如表格文字太多可适当调整。表内文字上下居中，超过一行的文字左对齐。

（2）工程名称为宋体小四号字，表名为宋体四号字。表内原有文字采用宋体五号字，如字数过多最小可采用小五号字。其中阿拉伯数字、单位、百分号采用 Times New Roman 字体，五号字。

（3）表内标点符号、括号、"/"等用全角；"±"采用 Word 插入特殊数学符号。

（4）《混凝土工程质评表》与备查资料的制备规格纸张采用国际标准 A4（210mm×297 mm）纸。

（5）《混凝土工程质评表》一式四份，签字、复印后盖章，原件单独装订。

2. 填表文字

（1）填表文字应使用国家正式公布的简化汉字，不得使用繁体字。

（2）可使用计算机或蓝色（黑色）墨水笔填写，不得使用圆珠笔、铅笔填写。

计算机输入字体采用楷体-GB 2312、五号、加黑，如字数过多最小可采用小五号字；墨水笔填写应按国务院颁布的简化汉字书写，字迹应工整、清晰。

（3）检查（检测）记录可以使用蓝黑色或黑色墨水钢笔手写，字迹应工整、清晰；也可以使用打印机打印，输入内容的字体应与表格固有字体不同，以示区别，字号相同或相近，匀称为宜。

3. 数字和单位

（1）数字使用阿拉伯数字（1、2、3…9、0），计算数值要符合《数字修约规则极限数值的表示和判定》（GB/T 8170）的要求，使用法定计量单位及其符号，数据与数据之间用顿号（、）隔开，小数点要用圆下角点（.）。

（2）单位使用国家法定计量单位和惯用的非法定计量单位，并以规定的符号表示（如：MPa、m、m^3、t…）。

4. 合格率

合格率用百分数表示，小数点后保留一位数字。如果恰为整数，除 100% 外，小数点后以 0 表示，如 95.0%。

5. 改错

将错误用斜线划掉，再在其右上方填写正确的文字（或数据），禁止使用涂改液、贴纸重写，橡皮擦、刀片刮或用墨水涂黑等方法。

6. 表头填写要求

（1）名称。单位工程、分部工程名称按质量监督机构对该工程项目划分确认的名称填写。如果该工程仅为一个单位工程时，单位工程名称应与设计批复名称一致。如果一个单位工程涉及多个相同分部工程名称时，分部工程名称还应附加标注分部工程编号，以便查找。

单元工程名称应与质量监督机构备案的名称一致。单元工程名称应与工程量清单中的项目名称对应，单元工程部位可用桩号、高程、到轴线（中心线）距离表示，原则是使该单元工程从空间（三维）上受控，必要时附图示意。

（2）单元工程量。单元工程量填写单元工程主要工程量。

（3）施工单位。施工单位应填写与项目法人或建设单位签订承包合同的法人单位全称（即与资质证书单位名称一致）。

（4）施工日期。施工日期应填写单元工程或安装质量检验项目从开始施工至本单元工程或安装质量检验项目完成的实际日期。

检验（评定）日期：年——填写 4 位数，年份不得简写；月——填写实际月份（1—12 月）；日——填写实际日期（1—31 日）。

7. 表身填写要求

（1）表身中项次均包括主控项目和一般项目，其主控项目和一般项目的质量要求应符合《水利水电工程单元工程施工质量验收评定标准——混凝土工程》（SL 632—2012）的要求，且在每个单元工程及工序填表说明中有另行说明。主控项目和一般项目均包含检验项目、质量要求、实测值、合格数、优良数及质量等级。

1）检验项目和质量要求。检验项目和质量要求应符合《水利水电工程单元工程施工质量验收评定标准——混凝土工程》（SL 632—2012）所列内容。对于 SL 632—2012 未涉及的单元工程，在自编单元工程施工质量验收评定表中，应参考 SL 632—2012 及设计要求列项。

凡检验项目的"质量要求"栏中为"符合设计要求"者，应填写出设计要求的具体指标，检查项目应注明设计要求的具体内容，如内容较多可简要说明；凡检验项目的"质量要求"栏中为"符合规范要求"者，应填写出所执行的规范名称和编号、条款。"质量要求"栏中的"设计要求"，包括设计单位的设计文件，也包括经监理批准的施工方案。

对于"质量要求"中只有定性描述的检验项目，则实测值记录中也作定性描述，"合格数"栏不填写内容，在"合格率"栏填写"100%"。

2）实测值。实测值应真实、准确，实测值结果中的数据为终检数据。

设计值按施工图纸填写。对于设计值不是一个数值时，应填写设计值范围。

实测值填写实际检测数据，而不是偏差值。当实测数据多时，可填写实测组数、实测值范围（最小值～最大值）、合格数，实测值应作附件备查。

检查记录是文字性描述的，在检查记录中应客观反映工程实际情况，描述真实、准确、简练。如质量要求是"符合设计要求"，在检查记录中应填写满足设计的具体要求；如质量要求是"符合规范要求"，在检查记录中应填写规范代号及满足规范的主要指标值。

（2）《混凝土工程质评表》中列出的某些项目，如该工程无该项内容，应在相应检验栏内用斜线"/"表示。

8. 表尾填写要求

（1）施工单位自评意见。

1）工序及不划分工序的单元工程施工质量评定标准：主控项目检测点的合格率达到100%，一般项目检测点的合格率达到70%（或90%）且不合格点不集中分布，则该工序或单元工程施工质量评定为合格（或优良）。

2）划分工序的单元工程施工质量评定标准：各工序均达到合格等级（或各工序均合格，且优良工序达到50%以上，主要工序应达到优良等级），则单元工程施工质量等级评定为合格（或优良）。

（2）监理单位复核意见。《混凝土工程质评表》从表头至自评意见栏均由施工单位经"三检"合格后填写，复核意见栏由复核质量的监理工程师填写。监理工程师复核质量等级时，如对施工单位填写的质量检验资料有不同意见，可写入复核意见栏内或另附页说明，并在复核意见栏内填写出核定的等级。

1）工序及不划分工序的单元工程施工质量评定标准：经复核，主控项目检测点的合格率达到100%，一般项目检测点的合格率达到70%（或90%）且不合格点不集中分布，则该工序或单元工程施工质量评定为合格（或优良）。

2）划分工序的单元工程施工质量评定标准：经抽查并查验相关检验报告和检验资料，各工序均达到合格等级（或各工序均合格，且优良工序达到50%以上，主要工序应达到优良等级），则单元工程施工质量等级评定为合格（或优良）。单元工程施工质量等级复核为合格（或优良）。

（3）签字、加盖公章。施工单位自评意见的签字人员必须是具有合法的水利工程质检员资格的人员，且由本人按照身份证上的姓名签字。监理单位复核意见签字人员必须是在工程建设现场，直接对施工单位的施工过程履行监理职责的具有水利工程监理工程师注册证书的人员，且必须由本人按照身份证上的姓名签字。

加盖的公章必须是经中标企业以文件形式报项目法人认可的现场施工和现场监理机构的印章。

（4）自评、复核意见及评定时间。施工单位自评意见签署时间，应为该工序或单元工程施工终检完成时间。对于有试验结果要求的工序或单元工程，评定时间应为取得试验结果后的日期。施工单位自评意见及日期可以直接打印，监理单位复核意见及日期必须执笔填写。

二、注意事项

（1）本书的所有表格适用于大中型水利水电工程的混凝土工程的单元工程施工质量验

收评定，小型水利水电工程可参照执行。

（2）本册各单元工程质量检查表中引用的标准有：《水利水电工程施工质量检验与评定规程》（SL 176—2007）、《水利水电工程单元工程施工质量验收评定标准——混凝土工程》（SL 632—2012）。

（3）划分工序的单元工程，其施工质量验收评定在各工序验收评定合格和施工项目实体质量检验合格的基础上进行。不划分工序的单元工程，其施工质量验收评定在单元工程中所包含的检验项目检验合格和施工项目实体质量检验合格的基础上进行。

（4）工序施工质量验收具备下列条件后进行验收评定：①工序中所有施工项目（或施工内容）已完成，现场具备验收条件；②工序中所包含的施工质量检验项目经施工单位自检全部合格。

（5）工序施工质量按下列程序进行验收评定：①施工单位首先对已经完成的工序施工质量按《水利水电工程单元工程施工质量验收评定标准——混凝土工程》（SL 632—2012）进行自检，并做好检验记录；②自检合格后，填写工序施工质量验收评定表，质量责任人履行相应签认手续后，向监理单位申请复核；③监理单位收到申请后，应在 4h 内进行复核。

（6）监理复核工序施工质量包括下列内容：①检查施工单位报验资料是否真实、齐全；②结合平行检测和跟踪检测结果等，复核工序施工质量检验项目是否符合 SL 632—2012 标准的要求，在工序施工质量验收评定表中填写复核记录，并签署工序施工质量评定意见，核定工序施工质量等级，相关责任人履行相应签认手续。

（7）单元工程施工质量具备下列条件后进行验收评定：①单元工程所含工序（或所有施工项目）、施工现场具备验收条件；②已完工序施工质量经验收评定全部合格，有关质量缺陷已处理完毕或有监理单位批准的处理意见。

（8）单元工程施工质量按下列程序进行验收评定：①施工单位对已经完成的单元工程施工质量进行自检，并填写检验记录；②自检合格后，填写单元工程施工质量验收评定表，向监理单位申请复核；③监理单位收到申请后，在 8h 内进行复核，并核定单元工程质量等级；④重要隐蔽单元工程和关键部位单元工程施工质量的验收评定应由建设单位（或委托监理单位）主持，由建设、设计、监理、施工等单位的代表组成联合小组，共同验收评定，并在验收前通知工程质量监督机构。

（9）监理复核单元工程施工质量包括以下内容：①核查施工单位报验资料是否真实、齐全；②对照施工图纸及施工技术要求，结合平行检测和跟踪检测结果等，复核单元工程施工质量是否达到 SL 632—2012 标准的要求；③检查已完单元工程遗留问题的处理情况，在单元工程施工质量验收评定表中填写复核记录，并签署单元工程施工质量评定意见，核定单元工程施工质量等级，相关责任人履行相应签认手续；④对验收中发现的问题提出处理意见。

（10）对进场使用的水泥、钢筋、掺和料、外加剂、止水片（带）等原材料质量应按有关规范要求进行全面检验，检验结果应满足相关产品标准。不同批次原材料在工程中的使用部位应有记录，并填写原材料及中间产品备查表。混凝土中间产品质量应符合 SL 632—2012 标准中相应附录的规定。

（11）对重要隐蔽单元工程和关键部位单元工程的施工质量验收评定应有设计、建设等单位的代表签字，具体要求应满足 SL 176—2007 的规定。

目　录

前言

填表基本规定

表 1　普通混凝土单元工程施工质量验收评定表 ·················· 1
  表 1.1-1　普通混凝土基础面处理工序施工质量验收评定表 ·············· 4
  表 1.1-2　普通混凝土施工缝处理工序施工质量验收评定表 ·············· 6
  表 1.2　普通混凝土模板制作及安装工序施工质量验收评定表 ·············· 9
  表 1.3　普通混凝土钢筋制作及安装工序施工质量验收评定表 ·············· 13
  表 1.4　普通混凝土预埋件制作及安装工序施工质量验收评定表 ·············· 19
  表 1.5　普通混凝土浇筑工序施工质量验收评定表 ·············· 25
  表 1.6　普通混凝土外观质量检查工序施工质量验收评定表 ·············· 28
表 2　碾压混凝土单元工程施工质量验收评定表 ·················· 31
  表 2.1　碾压混凝土基础面、施工缝面处理工序施工质量验收评定表 ·············· 34
  表 2.2　碾压混凝土模板制作及安装工序施工质量验收评定表 ·············· 37
  表 2.3　碾压混凝土预埋件制作及安装工序施工质量验收评定表 ·············· 40
  表 2.4　碾压混凝土浇筑工序施工质量验收评定表 ·············· 46
  表 2.5　碾压混凝土成缝工序施工质量验收评定表 ·············· 50
  表 2.6　碾压混凝土外观质量检查工序施工质量验收评定表 ·············· 53
表 3　趾板混凝土单元工程施工质量验收评定表 ·················· 56
  表 3.1　趾板混凝土基础面处理工序施工质量验收评定表 ·············· 59
  表 3.2　趾板混凝土滑模制作及安装工序施工质量验收评定表 ·············· 62
  表 3.3　趾板混凝土钢筋制作及安装工序施工质量验收评定表 ·············· 65
  表 3.4　趾板混凝土预埋件制作及安装工序施工质量验收评定表 ·············· 71
  表 3.5　趾板混凝土浇筑工序施工质量验收评定表 ·············· 77
  表 3.6　趾板混凝土外观质量检查工序施工质量验收评定表 ·············· 80
表 4　混凝土面板单元工程施工质量验收评定表 ·················· 83
  表 4.1　混凝土面板基面清理工序施工质量验收评定表 ·············· 86
  表 4.2　混凝土面板滑模制作及安装工序施工质量验收评定表 ·············· 89
  表 4.3　混凝土面板钢筋制作及安装工序施工质量验收评定表 ·············· 92
  表 4.4　混凝土面板预埋件制作及安装工序施工质量验收评定表 ·············· 98
  表 4.5　混凝土面板浇筑工序施工质量验收评定表 ·············· 104
  表 4.6　混凝土面板外观质量检查工序施工质量验收评定表 ·············· 107
表 5　沥青混凝土心墙单元工程施工质量验收评定表 ·················· 110

表 5.1　基座结合面处理及沥青混凝土结合层面处理工序施工质量验收评定表 ·············· 113

表 5.2　沥青混凝土心墙模板制作及安装工序施工质量验收评定表 ·············· 116

表 5.3　沥青混凝土心墙铺筑工序施工质量验收评定表 ·············· 119

表 6　沥青混凝土面板单元工程施工质量验收评定表 ·············· 122

表 6.1　沥青混凝土面板整平胶结层（含排水层）工序施工质量验收评定表 ·············· 125

表 6.2　沥青混凝土面板防渗层工序施工质量验收评定表 ·············· 128

表 6.3　沥青混凝土面板封闭层工序施工质量验收评定表 ·············· 131

表 6.4　沥青混凝土面板与刚性建筑物连接工序施工质量验收评定表 ·············· 134

表 7　预应力混凝土单元工程施工质量验收评定表 ·············· 137

表 7.1　预应力混凝土基础面或施工缝处理工序施工质量验收评定表 ·············· 140

表 7.2　预应力混凝土模板制作及安装工序施工质量验收评定表 ·············· 143

表 7.3　预应力混凝土钢筋制作及安装工序施工质量验收评定表 ·············· 148

表 7.4　预应力混凝土预埋件制作及安装工序施工质量验收评定表 ·············· 154

表 7.5　预应力混凝土浇筑工序施工质量验收评定表 ·············· 160

表 7.6　预应力筋孔道预留工序施工质量验收评定表 ·············· 163

表 7.7　预应力筋制作及安装工序施工质量验收评定表 ·············· 166

表 7.8　预应力筋张拉工序施工质量验收评定表 ·············· 169

表 7.9　有黏结预应力筋灌浆工序施工质量验收评定表 ·············· 172

表 7.10　预应力混凝土外观质量检查工序施工质量验收评定表 ·············· 175

表 8　混凝土预制构件安装单元工程施工质量验收评定表 ·············· 178

表 8.1　混凝土预制构件外观质量检查工序施工质量验收评定表 ·············· 181

表 8.2　混凝土预制件吊装工序施工质量验收评定表 ·············· 184

表 8.3　混凝土预制件接缝及接头处理工序施工质量验收评定表 ·············· 189

表 9　混凝土坝坝体接缝灌浆单元工程施工质量验收评定表 ·············· 192

表 9.1　灌浆前检查工序施工质量验收评定表 ·············· 195

表 9.2　灌浆工序施工质量验收评定表 ·············· 198

表 10　安全监测仪器设备安装埋设单元工程施工质量验收评定表 ·············· 201

表 10.1　安全监测仪器设备检验工序施工质量验收评定表 ·············· 204

表 10.2　安全监测仪器安装埋设工序施工质量验收评定表 ·············· 207

表 10.3　观测电缆敷设工序施工质量验收评定表 ·············· 210

表 11　观测孔（井）单元工程施工质量验收评定表 ·············· 213

表 11.1　观测孔（井）造孔工序施工质量验收评定表 ·············· 216

表 11.2　测压管制作与安装工序施工质量验收评定表 ·············· 219

表 11.3　观测孔（井）率定工序施工质量验收评定表 ·············· 222

表 12　外部变形观测设施垂线安装单元工程施工质量验收评定表 ·············· 225

表 13　外部变形观测设施引张线安装单元工程施工质量验收评定表 ·············· 228

表 14　外部变形观测设施视准线安装单元工程施工质量验收评定表 ·············· 231

表 15　外部变形观测设施激光准直安装单元工程施工质量验收评定表 ·············· 234

_____工程

表 1　　　　普通混凝土单元工程施工质量验收评定表（样表）

单位工程名称		单元工程量	
分部工程名称		施工单位	
单元工程名称、部位		施工日期	年　月　日至　　年　月　日

项次	工序名称（或编号）	工序质量验收评定等级
1	基础面	
	施工缝处理	
2	模板制作及安装	
3	△钢筋制作及安装	
4	预埋件（止水、伸缩缝等）制作及安装	
5	△混凝土浇筑（含养护、脱模）	
6	外观质量检查	
施工单位自评意见	各工序施工质量全部合格，其中优良工序占_____％，且主要工序达到_____等级，单元工程试块质量检验合格，各项报验资料_____ SL 632—2012 的要求。 　　单元工程质量等级评定为：_____。 （签字，加盖公章） 年　　月　　日	
监理单位复核意见	经抽查并查验相关检验报告和检验资料，各工序施工质量全部合格，其中优良工序占_____％，且主要工序达到_____等级，单元工程试块质量检验合格，各项报验资料_____ SL 632—2012 的要求。 　　单元工程质量等级评定为：_____。 （签字，加盖公章） 年　　月　　日	
注：本表所填"单元工程量"不作为施工单位工程量结算计量的依据。		

_____×××水闸_____工程

表 1　　　　普通混凝土单元工程施工质量验收评定表（实例）

单位工程名称	×××水闸工程	单元工程量	**800m³**
分部工程名称	**闸室段**	施工单位	**×××省水利工程局**
单元工程名称、部位	**闸室底板**	施工日期	**2016 年 6 月 1 日至 2016 年 6 月 18 日**

项次	工序名称（或编号）	工序质量验收评定等级
1	基础面	**优良**
	施工缝处理	/
2	模板制作及安装	**优良**
3	△钢筋制作及安装	**优良**
4	预埋件（止水、伸缩缝等）制作及安装	**优良**
5	△混凝土浇筑（含养护、脱模）	**优良**
6	外观质量检查	**优良**

施工单位自评意见	各工序施工质量全部合格，其中优良工序占__100__％，且主要工序达到__优良__等级，单元工程试块质量检验合格，各项报验资料__符合__ SL 632—2012 的要求。 　　单元工程质量等级评定为：__优良__。 　　　　　　　　　　　　　　　　　　　×××（签字，加盖公章） 　　　　　　　　　　　　　　　　　　　　　　2016 年 7 月 6 日
监理单位复核意见	经抽查并查验相关检验报告和检验资料，各工序施工质量全部合格，其中优良工序占__100__％，且主要工序达到__优良__等级，单元工程试块质量检验合格，各项报验资料__符合__ SL 632—2012 的要求。 　　单元工程质量等级评定为：__优良__。 　　　　　　　　　　　　　　　　　　　×××（签字，加盖公章） 　　　　　　　　　　　　　　　　　　　　　　2016 年 7 月 6 日
注：本表所填"单元工程量"不作为施工单位工程量结算计量的依据。	

表1 普通混凝土单元工程施工质量验收评定表

填 表 说 明

填表时必须遵守"填表基本规定",并应符合下列要求。

1. 单元工程划分:宜以混凝土浇筑仓号或一次检查验收范围划分。对混凝土浇筑仓号,应按每一仓号分为一个单元工程;对排架、梁、板、柱等构件,应按一次检查验收的范围分为一个单元工程。

2. 单元工程量填写混凝土浇筑量(m^3)。

3. 单元工程分为基础面(施工缝处理)、模板制作及安装、钢筋制作及安装、预埋件(止水、伸缩缝等)制作及安装、混凝土浇筑(含养护、脱模)、外观质量检查6个工序,其中钢筋制作及安装、混凝土浇筑(含养护、脱模)工序为主要工序,用△标注。本表须在表1.1~表1.6所列各工序施工质量验收评定合格的基础上进行填写。

4. 单元工程施工质量验收评定应提交下列资料。

(1)施工单位应提交单元工程中所含工序(或检验项目)验收评定的检验资料,原材料、拌和物与各项实体检验项目的检验记录资料。

(2)监理单位应提交对单元工程施工质量的平行检测资料。

5. 单元工程质量标准。

(1)合格等级标准。各工序施工质量验收评定应全部合格;各项报验资料应符合 SL 632—2012 的要求。

(2)优良等级标准。各工序施工质量验收评定应全部合格,其中优良工序应达到50%及以上,且主要工序应达到优良等级;各项报验资料应符合 SL 632—2012 的要求。

_____工程

表 1.1-1 普通混凝土基础面处理工序施工质量验收评定表（样表）

单位工程名称				工序编号			
分部工程名称				施工单位			
单元工程名称、部位				施工日期	年 月 日至 年 月 日			
项次	检验项目		质量要求	检查记录		合格数	合格率
主控项目	1	岩基	符合设计要求				
		软基	预留保护层已挖除；基础面符合设计要求				
	2	地表水和地下水	妥善引排或封堵				
一般项目	1	岩面清理	符合设计要求；清洗洁净，无积水、无积渣杂物				
施工单位自评意见	主控项目检验点全部合格，一般项目逐项检验点的合格率均不小于_____％，且不合格点不集中分布，各项报验资料_____ SL 632—2012 的要求。 　　工序质量等级评定为：_____。 <div align="right">（签字，加盖公章） 年　月　日</div>						
监理单位复核意见	经复核，主控项目检验点全部合格，一般项目逐项检验点的合格率均不小于_____％，且不合格点不集中分布，各项报验资料_____ SL 632—2012 的要求。 　　工序质量等级评定为：_____。 <div align="right">（签字，加盖公章） 年　月　日</div>						

4

$\underline{\times \times \times 水闸}$ 工程

表 1.1－1 普通混凝土基础面处理工序施工质量验收评定表（实例）

单位工程名称	×××水闸工程		工序编号	SZ－ZS－DB－01	
分部工程名称	闸室段		施工单位	×××省水利工程局	
单元工程名称、部位	闸室底板		施工日期	2016 年 6 月 1 日至 2016 年 6 月 2 日	

项次		检验项目	质量要求	检查记录	合格数	合格率
主控项目	1	岩基	符合设计要求	对全仓基础面进行检查，基础面无松动岩块	/	100％
		软基	预留保护层已挖除；基础面符合设计要求	/	/	/
	2	地表水和地下水	妥善引排或封堵	观察全仓基础面，地表水已妥善引排或封堵，无积水	/	100％
一般项目	1	岩面清理	符合设计要求；清洗洁净，无积水、无积渣杂物	观察全仓基础面，岩面基础已清洗洁净，无积水及积渣杂物	/	100％

施工单位自评意见	主控项目检验点全部合格，一般项目逐项检验点的合格率均不小于 90.0 ％，且不合格点不集中分布，各项报验资料 符合 SL 632—2012 的要求。 工序质量等级评定为： 优良 。 　　　　　　　　　　　　　　　　　　　　×××（签字，加盖公章） 　　　　　　　　　　　　　　　　　　　　2016 年 6 月 2 日
监理单位复核意见	经复核，主控项目检验点全部合格，一般项目逐项检验点的合格率均不小于 90.0 ％，且不合格点不集中分布，各项报验资料 符合 SL 632—2012 的要求。 工序质量等级评定为： 优良 。 　　　　　　　　　　　　　　　　　　　　×××（签字，加盖公章） 　　　　　　　　　　　　　　　　　　　　2016 年 6 月 2 日

_____工程

表 1.1－2 普通混凝土施工缝处理工序施工质量验收评定表（样表）

单位工程名称				工序编号			
分部工程名称				施工单位			
单元工程名称、部位				施工日期	年　月　日至　　年　月　日		
项次	检验项目		质量要求	检查记录		合格数	合格率
主控项目	1	施工缝的留置位置	符合设计或有关施工规范规定				
	2	施工缝面凿毛	基面无乳皮，成毛面，微露粗砂				
一般项目	1	缝面清理	符合设计要求；清洗洁净、无积水、无积渣杂物				
施工单位自评意见	主控项目检验点全部合格，一般项目逐项检验点的合格率均不小于_____％，且不合格点不集中分布，各项报验资料_____ SL 632—2012 的要求。　工序质量等级评定为：_____。 （签字，加盖公章） 年　　月　　日						
监理单位复核意见	经复核，主控项目检验点全部合格，一般项目逐项检验点的合格率均不小于_____％，且不合格点不集中分布，各项报验资料_____ SL 632—2012 的要求。　工序质量等级评定为：_____。 （签字，加盖公章） 年　　月　　日						

_____×××水闸_____工程

表 1.1－2 普通混凝土施工缝处理工序施工质量验收评定表（实例）

单位工程名称	×××水闸工程	工序编号		SZ－ZS－DB－01
分部工程名称	闸室段	施工单位		×××省水利工程局
单元工程名称、部位	闸室底板	施工日期		2016 年 6 月 1 日至 2016 年 6 月 2 日

项次	检验项目	质量要求	检查记录	合格数	合格率
主控项目 1	施工缝的留置位置	符合设计或有关施工规范规定	对施工缝进行检查，符合有关设计及规范要求	/	100%
主控项目 2	施工缝面凿毛	基面无乳皮，成毛面，微露粗砂	观察施工缝基面，无乳皮，进行了刨毛，微露粗砂	/	100%
一般项目 1	缝面清理	符合设计要求；清洗洁净、无积水、无积渣杂物	观察缝面，符合设计要求，已按要求清洗洁净、无积水、无积渣杂物	/	100%

施工单位自评意见	主控项目检验点全部合格，一般项目逐项检验点的合格率均不小于 __90.0__ %，且不合格点不集中分布，各项报验资料 __符合__ SL 632—2012 的要求。 工序质量等级评定为：__优良__。 ×××（签字，加盖公章） 2016 年 6 月 2 日
监理单位复核意见	经复核，主控项目检验点全部合格，一般项目逐项检验点的合格率均不小于 __90.0__ %，且不合格点不集中分布，各项报验资料 __符合__ SL 632—2012 的要求。 工序质量等级评定为：__优良__。 ×××（签字，加盖公章） 2016 年 6 月 2 日

表 1.1　普通混凝土基础面或施工缝工序施工质量验收评定表

填 表 要 求

填表时必须遵守"填表基本规定"，并应符合下列要求。

1. 单位工程、分部工程、单元工程名称及部位填写应与表1相同。

2. 各检验项目的检验方法及检验数应按表1-1的要求执行。

表 1-1　　　　　　　　　　普通混凝土基础面或施工缝检验

检　验　项　目		检　验　方　法	检验数量
基础面	岩基	观察、查阅设计图纸或地质报告	全仓
	软基	观察、查阅测量断面图及设计图纸	
	地表水和地下水	观察	
	岩面清理		
施工缝处理	施工缝的留置位置	观察、量测	全数
	施工缝面凿毛	观察	
	缝面清理		

3. 工序施工质量验收评定应提交下列资料。

（1）施工单位各班（组）初检记录、施工队复检记录、施工单位专职质检员终检记录、工序中各施工质量检验项目的检验资料。

（2）监理单位对工序中施工质量检验项目的平行检测资料。

4. 工序质量标准。

（1）合格等级标准。

1）主控项目，检验结果应全部符合 SL 632—2012 的要求。

2）一般项目，逐项应有70％及以上的检验点合格，且不合格点不应集中分布。

3）各项报验资料应符合 SL 632—2012 的要求。

（2）优良等级标准。

1）主控项目，检验结果应全部符合 SL 632—2012 的要求。

2）一般项目，逐项应有90％及以上的检验点合格，且不合格点不应集中分布。

3）各项报验资料应符合 SL 632—2012 的要求。

表1.2 普通混凝土模板制作及安装工序施工质量验收评定表（样表）

单位工程名称			工序编号					
分部工程名称			施工单位					
单元工程名称、部位			施工日期	年　月　日至　　年　月　日				

项次		检验项目		质量要求	检查记录	合格数	合格率
主控项目	1	稳定性、刚度和强度		满足混凝土施工荷载要求，并符合模板设计要求			
	2	承重模板底面高程		允许偏差0～+5mm			
	3	排架、梁、板、柱、墙、墩	结构断面尺寸	允许偏差±10mm			
			轴线位置	允许偏差±10mm			
			垂直度	允许偏差5mm			
	4	结构物边线与设计边线	外露表面	内模板：允许偏差0～+10mm；外模板：允许偏差-10～0mm			
			隐蔽内面	允许偏差15mm			
	5	预留孔、洞尺寸及位置	孔、洞尺寸	允许偏差0～+10mm			
			孔、洞位置	允许偏差±10mm			
一般项目	1	相邻两板面错台	外露表面	钢模：允许偏差2mm 木模：允许偏差3mm			
			隐蔽内面	允许偏差5mm			
	2	局部平整度	外露表面	钢模：允许偏差3mm 木模：允许偏差5mm			
			隐蔽内面	允许偏差10mm			
	3	板面缝隙	外露表面	钢模：允许偏差1mm 木模：允许偏差2mm			
			隐蔽内面	允许偏差2mm			
	4	结构物水平断面内部尺寸		允许偏差±20mm			
	5	脱模剂涂刷		产品质量符合标准要求，涂刷均匀，无明显色差			
	6	模板外观		表面光洁、无污物			
施工单位自评意见	主控项目检验点全部合格，一般项目逐项检验点的合格率均不小于_____%，且不合格点不集中分布，各项报验资料_____SL 632—2012的要求。 工序质量等级评定为：_____。 （签字，加盖公章） 年　月　日						
监理单位复核意见	经复核，主控项目检验点全部合格，一般项目逐项检验点的合格率均不小于_____%，且不合格点不集中分布，各项报验资料_____SL 632—2012的要求。 工序质量等级评定为：_____。 （签字，加盖公章） 年　月　日						

____×××水闸____工程

表1.2 普通混凝土模板制作及安装工序施工质量验收评定表（实例）

单位工程名称		×××水闸工程	工序编号		SZ-ZS-DB-02		
分部工程名称		闸室段	施工单位		×××省水利工程局		
单元工程名称、部位		闸室底板	施工日期		2016年6月3日至2016年6月6日		
项次		检验项目	质量要求	检查记录		合格数	合格率
主控项目	1	稳定性、刚度和强度	满足混凝土施工荷载要求，并符合模板设计要求	对全部模板进行检查，模板尺寸和形状符合设计要求，满足混凝土施工荷载要求		/	100%
	2	承重模板底面高程	允许偏差0～+5mm	模板底面高程设计值为452.150m，检查10个点，实测值为452.151～452.155m		10	100%
	3	排架、梁、板、柱、墙、墩　结构断面尺寸	允许偏差±10mm	/		/	/
		轴线位置	允许偏差±10mm	/		/	/
		垂直度	允许偏差5mm	/		/	/
	4	结构物边线与设计边线　外露表面	内模板：允许偏差0～+10mm；外模板：允许偏差-10～0mm	内模板：0mm、9mm、10mm、8mm、7mm　外模板：-9mm、-2mm、-3mm、-2mm、-8mm		10	100%
		隐蔽内面	允许偏差15mm	偏差实测值为12.2mm、13.1mm、10.5mm、10.9mm、11.1mm		5	100%
	5	预留孔、洞尺寸及位置　孔、洞尺寸	允许偏差0～+10mm	/		/	/
		孔、洞位置	允许偏差±10mm	/		/	/
一般项目	1	相邻两板面错台　外露表面	钢模：允许偏差2mm　木模：允许偏差3mm	木模：偏差值为1.2～3.2mm，共10个点		9	90%
		隐蔽内面	允许偏差5mm	偏差值为2.6～4.6mm，共10个点		10	100%
	2	局部平整度　外露表面	钢模：允许偏差3mm　木模：允许偏差5mm	木模：偏差实测值为2.6～5.2mm，共20个点		19	95%
		隐蔽内面	允许偏差10mm	偏差实测值为3.2～9.4mm，共20个点		20	100%
	3	板面缝隙　外露表面	钢模：允许偏差1mm　木模：允许偏差2mm	木模：偏差实测值为1.1mm、0.9mm、2.0mm、1.3mm、1.3mm		5	100%
		隐蔽内面	允许偏差2mm	偏差实测值为1.2mm、1.5mm、1.6mm、1.5mm、1.5mm		5	100%
	4	结构物水平断面内部尺寸	允许偏差±20mm	设计值为1.8m×1.3m，偏差实测值为10mm、0mm、20mm、20mm、10mm、20mm、0mm、20mm		8	100%
	5	脱模剂涂刷	产品质量符合标准要求，涂刷均匀，无明显色差	经查阅产品质检证明及现场观察，产品质量符合标准要求，涂刷均匀，无明显色差		/	100%
	6	模板外观	表面光洁、无污物	经现场观察，表面光洁、无污物		/	100%
施工单位自评意见		主控项目检验点全部合格，一般项目逐项检验点的合格率均不小于　90.0　%，且不合格点不集中分布，各项报验资料　符合　SL 632—2012的要求。 工序质量等级评定为：　优良　。 ×××（签字，加盖公章） 2016年6月7日					
监理单位复核意见		经复核，主控项目检验点全部合格，一般项目逐项检验点的合格率均不小于　90.0　%，且不合格点不集中分布，各项报验资料　符合　SL 632—2012的要求。 工序质量等级评定为：　优良　。 ×××（签字，加盖公章） 2016年6月7日					

表1.2 普通混凝土模板制作及安装工序施工质量验收评定表

填 表 要 求

填表时必须遵守"填表基本规定",并应符合下列要求。

1. 本表适用于定型或现场装配式钢、木模板等的制作及安装;对于特种模板(镶面模板、滑升模板、拉模及钢模台车等)除应符合 SL 632—2012 的要求外,还应符合有关技术标准和设计要求等的规定。

2. 单位工程、分部工程、单元工程名称及部位填写应与表1相同。

3. 各检验项目的检验方法及检验数量按表1-2的要求执行。

表 1-2   普通混凝土模板制作及安装检验

检验项目		检验方法	检 验 数 量
稳定性、刚度和强度		对照模板设计文件及图纸检查	全部
承重模板底面高程		仪器测量	模板面积在 100m² 以内,不少于 10 个点;每增加 100m²,检查点数增加不少于 10 个点
排架、梁、板、柱、墙、墩	结构断面尺寸	钢尺测量	
	轴线位置	仪器测量	
	垂直度	2m靠尺量测或仪器测量	
结构物边线与设计边线	外露表面	钢尺测量	
	隐蔽内面		
预留孔、洞尺寸及位置	孔、洞尺寸	测量、查看图纸	
	孔、洞位置		
相邻两板面错台	外露表面	2m靠尺量测或拉线检查	模板面积在 100m² 以内,不少于 10 个点;每增加 100m²,检查点数增加不少于 10 个点
	隐蔽内面		
局部平整度	外露表面	按水平线(或垂直线)布置检测点,2m靠尺量测	模板面积在 100m² 以上,不少于 20 个点。每增加 100m²,检查点数增加不少于 10 个点
	隐蔽内面		
板面缝隙	外露表面	量测	模板面积 100m² 及以上,检查 3~5 个点;100m² 以内,检查 1~3 个点
	隐蔽内面		
结构物水平断面内部尺寸		测量	模板面积 100m² 及以上,不少于 10 个点;100m² 以内,不少于 5 个点
脱模剂涂刷		查阅产品质检证明,观察	全面
模板外观		观察	

注:1. 外露表面、隐蔽内面系指相应模板的混凝土结构物表面最终所处的位置。
     2. 有专门要求的高速水流区、溢流面、闸墩、闸门槽等部位的模板,还应符合有关专项设计的要求。

4. 工序施工质量验收评定应提交下列资料。

(1)施工单位各班(组)初检记录、施工队复检记录、施工单位专职质检员终检记录、工序中各施工质量检验项目的检验资料。

(2)监理单位对工序中施工质量检验项目的平行检测资料。

5. 工序质量标准。

（1）合格等级标准。

1）主控项目，检验结果应全部符合 SL 632—2012 的要求。

2）一般项目，逐项应有 70% 及以上的检验点合格，且不合格点不应集中分布。

3）各项报验资料应符合 SL 632—2012 的要求。

（2）优良等级标准。

1）主控项目，检验结果应全部符合 SL 632—2012 的要求。

2）一般项目，逐项应有 90% 及以上的检验点合格，且不合格点不应集中分布。

3）各项报验资料应符合 SL 632—2012 的要求。

表1.3 普通混凝土钢筋制作及安装工序施工质量验收评定表（样表）

单位工程名称				工序编号			
分部工程名称				施工单位			
单元工程名称、部位				施工日期	年 月 日至		年 月 日

项次	检验项目			质量要求	检查记录	合格数	合格率
主控项目	1	钢筋的数量、规格尺寸、安装位置		符合质量标准和设计的要求			
	2	钢筋接头的力学性能		符合规范要求和国家及行业有关规定			
	3	焊接接头和焊缝外观		不允许有裂缝、脱焊点、漏焊点，表面平顺，没有明显的咬边、凹陷、气孔等，钢筋不应有明显烧伤			
	4 钢筋连接	电弧焊	帮条对焊接头中心	纵向偏移差不大于 $0.5d$			
			接头处钢筋轴线的曲折	$\leqslant 4°$			
			焊缝 长度	允许偏差 $-0.5d$			
			焊缝 宽度	允许偏差 $-0.1d$			
			焊缝 高度	允许偏差 $-0.05d$			
			焊缝 表面气孔夹渣	在 $2d$ 长度上数量不多于2个；气孔、夹渣的直径不大于3mm			
		对焊及熔槽焊	焊接接头根部未焊透深度 $\phi 25\sim40$ 钢筋	$\leqslant 0.15d$			
			焊接接头根部未焊透深度 $\phi 40\sim70$ 钢筋	$\leqslant 0.10d$			
			接头处钢筋中心线的位移	$0.10d$ 且不大于2mm			
			蜂窝、气孔、非金属杂质	焊缝表面（长为 $2d$）和焊缝截面上不多于3个，且每个直径不大于1.5mm			
		绑扎连接	缺扣、松扣	$\leqslant 20\%$，且不集中			
			弯钩朝向正确	符合设计图纸			
			搭接长度	允许偏差 -0.05 设计值			

项次	检验项目			质量要求	检查记录	合格数	合格率
主控项目	4	钢筋连接	机械连接	带肋钢筋冷挤压连接接头	压痕处套筒外形尺寸	挤压后套筒长度应为原套筒长度的1.10～1.15倍,或压痕处套筒的外径波动范围为0.8～0.9的原套筒外径		
					挤压道次	符合型式检验结果		
					接头弯折	≤4°		
					裂缝检查	挤压后肉眼观察无裂缝		
				直(锥)螺纹连接接头	丝头外观质量	保护良好,无锈蚀和油污,牙形饱满光滑		
					套头外观质量	无裂纹或其他肉眼可见缺陷		
					外露丝扣	无1扣以上完整丝扣外露		
					螺纹匹配	丝头螺纹与套筒螺纹满足连接要求,螺纹结合紧密,无明显松动,以及相应处理方法得当		
	5	钢筋间距				无明显过大过小的现象		
	6	保护层厚度				允许偏差±1/4净保护层厚度		
一般项目	1	钢筋长度方向				允许偏差±1/2净保护层厚度		
	2	同一排受力钢筋间距			排架、柱、梁	允许偏差±0.5d		
					板、墙	允许偏差±0.1间距		
	3	双排钢筋,其排与排间距				允许偏差±0.1排距		
	4	梁与柱中箍筋间距				允许偏差±0.1箍筋间距		

施工单位自评意见	主控项目检验点全部合格,一般项目逐项检验点的合格率均不小于_____%,且不合格点不集中分布,各项报验资料_____ SL 632—2012的要求。 工序质量等级评定为:_____。 (签字,加盖公章) 年　　月　　日
监理单位复核意见	经复核,主控项目检验点全部合格,一般项目逐项检验点的合格率均不小于_____%,且不合格点不集中分布,各项报验资料_____ SL 632—2012的要求。 工序质量等级评定为:_____。 (签字,加盖公章) 年　　月　　日

表 1.3 普通混凝土钢筋制作及安装工序施工质量验收评定表（实例）

单位工程名称	×××水闸工程	工序编号	SZ-ZS-DB-03
分部工程名称	闸室段	施工单位	×××省水利工程局
单元工程名称、部位	闸室底板	施工日期	2016 年 6 月 9 日至 2016 年 6 月 10 日

项次	检验项目				质量要求	检查记录	合格数	合格率
	1	钢筋的数量、规格尺寸、安装位置			符合质量标准和设计的要求	经对照设计文件及现场检查，符合质量标准和设计要求	/	100%
	2	钢筋接头的力学性能			符合规范要求和国家及行业有关规定	经力学性能试验，符合规范要求和国家及行业有关规定	/	100%
	3	焊接接头和焊缝外观			不允许有裂缝、脱焊点、漏焊点，表面平顺，没有明显的咬边、凹陷、气孔等，钢筋不应有明显烧伤	选取 10 个接头，无裂缝、脱焊点、漏焊点，表面平顺，没有明显的咬边、凹陷、气孔等，无明显烧伤	10	100%
主控项目	4 钢筋连接	电弧焊	帮条对焊接头中心		纵向偏移差不大于 0.5d	钢筋直径为 12mm，偏移差实测值为2.5mm、2.5mm、3.6mm、4.0mm、4.3mm、3.5mm、3.2mm、6.4mm、5.2mm、6.2mm	9	90%
			接头处钢筋轴线的曲折		≤4°	实测值为 1.2°、2.5°、1.2°、3.3°、4.0°、3.6°、2.8°、3.2°、4.0°、2.2°	10	100%
			焊缝	长度	允许偏差 -0.5d	钢筋直径为 12mm，偏差实测值为 5.2mm、4.8mm、5.5mm、5.2mm、5.0mm、5.2mm、4.0mm、4.5mm、3.2mm、3.6mm	10	100%
				宽度	允许偏差 -0.1d	钢筋直径为 12mm，偏差实测值为 0.6mm、0.8mm、1.0mm、0.9mm、0.8mm、1.0mm、0.5mm、0.8mm、0.6mm、1.5mm	9	90%
				高度	允许偏差 -0.05d	钢筋直径为 12mm，偏差实测值为 0.52mm、0.3mm、0.2mm、0.25mm、0.35mm、0.41mm、0.45mm、0.52mm、0.53mm、0.48mm	10	100%
			表面气孔夹渣		在 2d 长度上数量不多于 2 个；气孔、夹渣的直径不大于 3mm	经观察，在 2d 长度上数量不多于 2 个，气孔、夹渣直径不大于 3mm	/	100%
		对焊及熔槽焊	焊接接头根部未焊透深度	ϕ25～40 钢筋	≤0.15d	/	/	/
				ϕ40～70 钢筋	≤0.10d	/	/	/
			接头处钢筋中心线的位移		0.10d 且不大于 2mm	/	/	/
			蜂窝、气孔、非金属杂质		焊缝表面（长为 2d）和焊缝截面上不多于 3 个，且每个直径不大于 1.5mm	/	/	/
		绑扎连接	缺扣、松扣		≤20%，且不集中	经现场观察，不大于 20% 且不集中	/	100%
			弯钩朝向正确		符合设计图纸	经现场观察，符合设计图纸	/	100%
			搭接长度		允许偏差 -0.05 设计值	设计值为 36.0cm，偏差实测值为 -1.6cm、-1.2cm、-1.2cm、-1.5cm、-1.2cm	5	100%

项次	检验项目			质量要求	检查记录	合格数	合格率
主控项目	钢筋连接	机械连接	带肋钢筋冷挤压连接接头 压痕处套筒外形尺寸	挤压后套筒长度应为原套筒长度的 1.10～1.15 倍，或压痕处套筒的外径波动范围为 0.8～0.9 的原套筒外径	/	/	/
			挤压道次	符合型式检验结果	/	/	/
			接头弯折	≤4°	/	/	/
			裂缝检查	挤压后肉眼观察无裂缝	/	/	/
			直（锥）螺纹连接接头 丝头外观质量	保护良好，无锈蚀和油污，牙形饱满光滑	/	/	/
			套头外观质量	无裂纹或其他肉眼可见缺陷	/	/	/
			外露丝扣	无1扣以上完整丝扣外露	/	/	/
			螺纹匹配	丝头螺纹与套筒螺纹满足连接要求，螺纹结合紧密，无明显松动，以及相应处理方法得当	/	/	/
	5	钢筋间距		无明显过大过小的现象	经现场观察，无明显过大过小现象	/	100%
	6	保护层厚度		允许偏差±1/4净保护层厚度	保护层厚度设计值为5cm，偏差实测值为 0.1cm、0.2cm、0.2cm、0.5cm、0.5cm	5	100%
一般项目	1	钢筋长度方向		允许偏差±1/2净保护层厚度	$L=15m$，保护层厚度设计值为5cm，偏差实测值为 0.01cm、0.01cm、0.02cm、0.02cm、0.01cm	5	100%
	2	同一排受力钢筋间距	排架、柱、梁	允许偏差±0.5d		/	/	/
			板、墙	允许偏差±0.1间距	设计值为20cm，偏差实测值为 0.5cm、0.7cm、1.2cm、1.2cm、2cm	5	100%
	3	双排钢筋，其排与排间距		允许偏差±0.1排距	设计值为20cm，偏差实测值为 1cm、0.6cm、1.2cm、1.1cm、1.6cm	5	100%
	4	梁与柱中箍筋间距		允许偏差±0.1箍筋间距		/	/	/

施工单位自评意见	主控项目检验点全部合格，一般项目逐项检验点的合格率均不小于 __90.0__ %，且不合格点不集中分布，各项报验资料 __符合__ SL 632—2012 的要求。 工序质量等级评定为：__优良__ 。 ×××（签字，加盖公章） 2016 年 6 月 11 日
监理单位复核意见	经复核，主控项目检验点全部合格，一般项目逐项检验点的合格率均不小于 __90.0__ %，且不合格点不集中分布，各项报验资料 __符合__ SL 632—2012 的要求。 工序质量等级评定为：__优良__ 。 ×××（签字，加盖公章） 2016 年 6 月 11 日

表 1.3 普通混凝土钢筋制作及安装工序施工质量验收评定表
填 表 要 求

填表时必须遵守"填表基本规定"，并应符合下列要求。

1. 钢筋进场时应逐批（炉号）进行检验，应查验与记录产品合格证、出厂检验报告和外观质量情况，并按相关规定抽取试样进行力学性能检验，不符合标准规定的不应使用。

2. 单位工程、分部工程、单元工程名称及部位填写应与表1相同。

3. 各检验项目的检验方法及检验数量按表1-3的要求执行。

表 1-3　　　　　　　　　　　普通混凝土钢筋制作及安装检验

检 验 项 目				检 验 方 法	检 验 数 量
钢筋的数量、规格尺寸、安装位置				对照设计文件检查	全数
钢筋接头的力学性能				对照仓号在结构上取样测试	焊接200个接头检测1组，机械连接500个接头检测1组
焊接接头和焊缝外观				观察并记录	不少于10个点
钢筋连接	电弧焊	帮条对焊接头中心		观察、量测	每项不少于10个点
		接头处钢筋轴线的曲折			
		焊缝	长度		
			宽度		
			高度		
			表面气孔夹渣		
	对焊及熔槽焊	焊接接头根部未焊透深度	$\phi25\sim40$钢筋		
			$\phi40\sim70$钢筋		
		接头处钢筋中心线的位移			
		蜂窝、气孔、非金属杂质			
	绑扎连接	缺扣、松扣		观察、量测	每项不少于10个点
		弯钩朝向正确		观察	
		搭接长度		量测	
	机械连接	带肋钢筋冷挤压连接接头	压痕处套筒外形尺寸	观察、量测	
			挤压道次		
			接头弯折		
			裂缝检查		
钢筋连接	机械连接	直（锥）螺纹连接接头	丝头外观质量	观察、量测	每项不少于10个点
			套头外观质量		
			外露丝扣		
			螺纹匹配		

检 验 项 目		检验方法	检验数量
钢筋间距			全数
保护层厚度			
钢筋长度方向			
同一排受力钢筋间距	排架、柱、梁	观察、量测	每项不少于5个点
	板、墙		
双排钢筋，其排与排间距			
梁与柱中箍筋间距			每项不少于10个点

4. 工序施工质量验收评定应提交下列资料。

（1）施工单位各班（组）初检记录、施工队复检记录、施工单位专职质检员终检记录、工序中各施工质量检验项目的检验资料。

（2）监理单位对工序中施工质量检验项目的平行检测资料。

5. 工序质量标准。

（1）合格等级标准。

1）主控项目，检验结果应全部符合 SL 632—2012 的要求。

2）一般项目，逐项应有 70％及以上的检验点合格，且不合格点不应集中分布。

3）各项报验资料应符合 SL 632—2012 的要求。

（2）优良等级标准。

1）主控项目，检验结果应全部符合 SL 632—2012 的要求。

2）一般项目，逐项应有 90％及以上的检验点合格，且不合格点不应集中分布。

3）各项报验资料应符合 SL 632—2012 的要求。

表 1.4　普通混凝土预埋件制作及安装工序施工质量验收评定表（样表）

单位工程名称				工序编号			
分部工程名称				施工单位			
单元工程名称、部位				施工日期	年　月　日至		年　月　日
项次			检验项目	质量要求	检查记录	合格数	合格率
止水片、止水带	主控项目	1	片（带）外观	表面平整，无浮皮、锈污、油渍、砂眼、钉孔、裂纹等			
		2	基座	符合设计要求（按基础面要求验收合格）			
		3	片（带）插入深度	符合设计要求			
		4	沥青井（柱）	位置准确、牢固，上下层衔接好，电热元件及绝热材料埋设准确，沥青填塞密实			
		5	接头	符合工艺要求			
	一般项目	1	片（带）偏差	宽度	允许偏差±5mm			
				高度	允许偏差±2mm			
				长度	允许偏差±20mm			
		2	搭接长度	金属止水片	≥20mm，双面焊接			
				橡胶、PVC止水带	≥100mm			
				金属止水片与PVC止水带接头栓接长度	≥350mm（螺栓栓接法）			
		3	片（带）中心线与接缝中心线安装偏差	允许偏差±5mm			
伸缩缝（填充材料）	主控项目	1	伸缩缝缝面	平整、顺直、干燥，外露铁件应割除，确保伸缩有效			
	一般项目	1	涂敷沥青料	涂刷均匀平整，与混凝土黏结紧密，无气泡及隆起现象			
		2	粘贴沥青油毛毡	铺设厚度均匀平整、牢固、搭接紧密			
		3	铺设预制油毡板或其他闭缝板	铺设厚度均匀平整、牢固、相邻块安装紧密平整无缝			

项次			检验项目	质量要求	检查记录	合格数	合格率
排水系统	主控项目	1	孔口装置	按设计要求加工、安装，并进行防锈处理，安装牢固，不应有渗水、漏水现象			
		2	排水管通畅性	通畅			
	一般项目	1	排水孔倾斜度	允许偏差4%			
		2	排水孔（管）位置	允许偏差100mm			
		3	基岩排水孔 倾斜度 孔深不小于8m	允许偏差1%孔深			
			孔深小于8m	允许偏差2%孔深			
			深度	允许偏差±0.5%孔深			
冷却及灌浆管路	主控项目	1	管路安装	安装牢固、可靠，接头不漏水、不漏气、无堵塞			
	一般项目	1	管路出口	露出模板外300～500mm，妥善保护，有识别标志			
铁件	主控项目	1	高程、方位、埋入深度及外露长度等	符合设计要求			
	一般项目	1	铁件外观	表面无锈皮、油污等			
		2	锚筋钻孔位置 梁、柱的锚筋	允许偏差20mm			
			钢筋网的锚筋	允许偏差50mm			
		3	钻孔底部的孔径	锚筋直径d＋20mm			
		4	钻孔深度	符合设计要求			
		5	钻孔的倾斜度相对设计轴线	允许偏差5%（在全孔深度范围内）			

施工单位自评意见	主控项目检验点全部合格，一般项目逐项检验点的合格率均不小于_____%，且不合格点不集中分布，各项报验资料_____ SL 632—2012 的要求。 工序质量等级评定为：_____。 （签字，加盖公章） 年　月　日
监理单位复核意见	经复核，主控项目检验点全部合格，一般项目逐项检验点的合格率均不小于_____%，且不合格点不集中分布，各项报验资料_____ SL 632—2012 的要求。 工序质量等级评定为：_____。 （签字，加盖公章） 年　月　日

表 1.4　普通混凝土预埋件制作及安装工序施工质量验收评定表（实例）

单位工程名称			×××水闸工程	工序编号	SZ-ZS-DB-04		
分部工程名称			闸室段	施工单位	×××省水利工程局		
单元工程名称、部位			闸室底板	施工日期	2016 年 6 月 12 日至 2016 年 6 月 12 日		
项次		检验项目	质量要求	检查记录		合格数	合格率
止水片、止水带	主控项目	1　片（带）外观	表面平整，无浮皮、锈污、油渍、砂眼、钉孔、裂纹等	经现场观察，表面平整，无浮皮、锈污、油渍、砂眼、钉孔、裂纹等		/	100%
		2　基座	符合设计要求（按基础面要求验收合格）	经现场观察，符合设计要求		/	100%
		3　片（带）插入深度	符合设计要求	经现场观察及量测，符合设计要求		/	100%
		4　沥青井（柱）	位置准确、牢固，上下层衔接好，电热元件及绝热材料埋设准确，沥青填塞密实	/		/	/
		5　接头	符合工艺要求	经现场检查，符合设计要求			
	一般项目	1　片（带）偏差　宽度	允许偏差±5mm	偏差实测值为 2mm、2.5mm、3.2mm、2.5mm、2.8mm		5	100%
		高度	允许偏差±2mm	偏差实测值为 1.0mm、1.1mm、1.2mm、1.0mm、1.1mm		5	100%
		长度	允许偏差±20mm	偏差实测值为 11.5mm、12.5mm、12.5mm、13.5mm、14mm		5	100%
		2　搭接长度　金属止水片	≥20mm，双面焊接	/		/	/
		橡胶、PVC 止水带	≥100mm	实测值为 102mm、109mm、105mm、102mm、108mm		5	100%
		金属止水片与 PVC 止水带接头栓接长度	≥350mm（螺栓栓接法）	/		/	/
		3　片（带）中心线与接缝中心线安装偏差	允许偏差±5mm	偏差实测值为 -1.2mm、1.0mm、-2.0mm、4.0mm、-2.5mm		5	100%
伸缩缝（填充材料）	主控项目	1　伸缩缝缝面	平整、顺直、干燥，外露铁件应割除，确保伸缩有效	经现场观察，伸缩缝封面平整、顺直、干燥，外露铁件已割除，确保伸缩有效		/	100%
	一般项目	1　涂敷沥青料	涂刷均匀平整，与混凝土黏结紧密，无气泡及隆起现象	经现场观察，涂刷均匀平整、与混凝土黏结紧密，无气泡及隆起现象		/	100%
		2　粘贴沥青油毛毡	铺设厚度均匀平整、牢固、搭接紧密	/		/	/
		3　铺设预制油毡板或其他闭缝板	铺设厚度均匀平整、牢固、相邻块安装紧密平整无缝	/		/	/

项次		检验项目		质量要求	检查记录	合格数	合格率
排水系统	主控项目	1	孔口装置	按设计要求加工、安装，并进行防锈处理，安装牢固，不应有渗水、漏水现象	经现场观察、量测，孔口按设计要求加工、安装，并进行防锈处理，安装牢固，不应有渗水、漏水现象	/	100%
		2	排水管通畅性	通畅	经现场观察，排水管通畅	/	100%
	一般项目	1	排水孔倾斜度	允许偏差4%	偏差实测值为2.5%、2%、2.5%、1.5%、3%	5	100%
		2	排水孔（管）位置	允许偏差100mm	偏差实测值为90mm、82mm、80mm、82mm、85mm	5	100%
		3	基岩排水孔 倾斜度 孔深不小于8m	允许偏差1%孔深	/	/	/
			基岩排水孔 倾斜度 孔深小于8m	允许偏差2%孔深	孔深6m，偏差实测值为0.10m、0.08m、0.09m、0.12m、0.10m	5	100%
			基岩排水孔 深度	允许偏差±0.5%孔深	偏差实测值为0.02m、0.01m、0.01m、0.015m、0.02m	5	100%
冷却及灌浆管路	主控项目	1	管路安装	安装牢固、可靠，接头不漏水、不漏气、无堵塞	经观察，管路安装牢固、可靠，接头不漏水、不漏气、无堵塞	/	100%
	一般项目	1	管路出口	露出模板外300～500mm，妥善保护，有识别标志	经观察、量测，管路出口露出模板外300～500mm，妥善保护，有识别标志	/	100%
铁件	主控项目	1	高程、方位、埋入深度及外露长度等	符合设计要求	经现场量测，符合设计要求	/	100%
	一般项目	1	铁件外观	表面无锈皮、油污等	经现场观察，表面无锈皮、油污等	/	100%
		2	锚筋钻孔位置 梁、柱的锚筋	允许偏差20mm	偏差实测值为15mm、15mm、18mm、16mm、16mm	5	100%
			锚筋钻孔位置 钢筋网的锚筋	允许偏差50mm	偏差实测值为35mm、35mm、40mm、42mm、45mm	5	100%
		3	钻孔底部的孔径	锚筋直径$d＋20mm$	孔径实测值为$d＋21mm$	1	100%
		4	钻孔深度	符合设计要求	经现场量测，深度符合设计要求	/	100%
		5	钻孔的倾斜度相对设计轴线	允许偏差5%（在全孔深度范围内）	偏差实测值为3%、2%、3%、5%、3%	5	100%

施工单位自评意见	主控项目检验点全部合格，一般项目逐项检验点的合格率均不小于 __90.0__ %，且不合格点不集中分布，各项报验资料 __符合__ SL 632—2012的要求。 工序质量等级评定为：__优良__。 ×××（签字，加盖公章） 2016 年 6 月 13 日
监理单位复核意见	经复核，主控项目检验点全部合格，一般项目逐项检验点的合格率均不小于 __90.0__ %，且不合格点不集中分布，各项报验资料 __符合__ SL 632—2012的要求。 工序质量等级评定为：__优良__。 ×××（签字，加盖公章） 2016 年 6 月 13 日

表1.4 普通混凝土预埋件制作及安装工序施工质量验收评定表

填 表 要 求

填表时必须遵守"填表基本规定",并应符合下列要求。

1. 水工混凝土中的预埋件包括止水、伸缩缝(填充材料)、排水系统、冷却及灌浆管路、铁件、安全监测设施等。在施工中应进行全过程检查和保护,防止移位、变形、损坏及堵塞。

2. 预埋件的结构型式、位置、尺寸及材料的品种、规格、性能等应符合设计要求和有关标准。所有预埋件都应进行材质证明检查,需要抽检的材料应按有关规范进行。

3. 单位工程、分部工程、单元工程名称及部位填写应与表1相同。

4. 各检验项目的检验方法及检验数量按表1-4的要求执行。

表1-4 普通混凝土预埋件制作及安装检验

检 验 项 目			检 验 方 法	检 验 数 量
止水片、止水带	片(带)外观		观察	所有外露止水片(带)
	基座			不少于5个点
	片(带)插入深度		检查、量测	不少于1个点
	沥青井(柱)		观察	检查3~5个点
	接头		检查	全数
	片(带)偏差	宽度	量测	检查3~5个点
		高度		
		长度		
	搭接长度	金属止水片		每个焊接处
		橡胶、PVC止水带		
		金属止水片与PVC止水带接头栓接长度		每个连接带
	片(带)中心线与接缝中心线安装偏差			检查1~2个点
伸缩缝(填充材料)	伸缩缝缝面		观察	全部
	涂敷沥青料			
	粘贴沥青油毛毡			
	铺设预制油毡板或其他闭缝板			
排水系统	孔口装置		观察、量测	全部
	排水管通畅性		观察	
	排水孔倾斜度		量测	全数
	排水孔(管)位置			
	基岩排水孔	倾斜度	孔深不小于8m	全部
			孔深小于8m	
		深度		

23

检 验 项 目		检验方法	检验数量
冷却及灌浆管路	管路安装	通气、通水	所有接头
	管路出口	观察	
铁件	高程、方位、埋入深度及外露长度等	对照图纸现场观察、查阅施工记录、量测	全部
	铁件外观	观察	
	锚筋钻孔位置 梁、柱的锚筋	量测	
	锚筋钻孔位置 钢筋网的锚筋		
	钻孔底部的孔径		
	钻孔深度		
	钻孔的倾斜度相对设计轴线		

5. 工序施工质量验收评定应提交下列资料。

（1）施工单位各班（组）初检记录、施工队复检记录、施工单位专职质检员终检记录、工序中各施工质量检验项目的检验资料。

（2）监理单位对工序中施工质量检验项目的平行检测资料。

6. 工序质量标准。

（1）合格等级标准。

1）主控项目，检验结果应全部符合 SL 632—2012 的要求。

2）一般项目，逐项应有 70％及以上的检验点合格，且不合格点不应集中分布。

3）各项报验资料应符合 SL 632—2012 的要求。

（2）优良等级标准。

1）主控项目，检验结果应全部符合 SL 632—2012 的要求。

2）一般项目，逐项应有 90％及以上的检验点合格，且不合格点不应集中分布。

3）各项报验资料应符合 SL 632—2012 的要求。

表 1.5　　　　普通混凝土浇筑工序施工质量验收评定表（样表）

单位工程名称			工序编号				
分部工程名称			施工单位				
单元工程名称、部位			施工日期	年　月　日至　年　月　日			
项次		检验项目	质量要求	检查记录		合格数	合格率
主控项目	1	入仓混凝土料	无不合格料入仓。如有少量不合格料入仓，应及时处理至达到要求				
	2	平仓分层	厚度不大于振捣棒有效长度的90%，铺设均匀，分层清楚，无骨料集中现象				
	3	混凝土振捣	振捣器垂直插入下层5cm，有次序，间距、留振时间合理，无漏振、无超振				
	4	铺筑间歇时间	符合要求，无初凝现象				
	5	浇筑温度（指有温控要求的混凝土）	满足设计要求				
	6	混凝土养护	表面保持湿润；连续养护时间基本满足设计要求				
一般项目	1	砂浆铺筑	厚度宜为2～3cm，均匀平整，无漏铺				
	2	积水和泌水	无外部水流入，泌水排除及时				
	3	插筋、管路等埋设件以及模板的保护	保护好，符合设计要求				
	4	混凝土表面保护	保护时间、保温材料质量符合设计要求				
	5	脱模	脱模时间符合施工技术规范或设计要求				
施工单位自评意见	主控项目检验点全部合格，一般项目逐项检验点的合格率均不小于_____%，且不合格点不集中分布，各项报验资料_____ SL 632—2012 的要求。 工序质量等级评定为：_____。 （签字，加盖公章） 年　　月　　日						
监理单位复核意见	经复核，主控项目检验点全部合格，一般项目逐项检验点的合格率均不小于_____%，且不合格点不集中分布，各项报验资料_____ SL 632—2012 的要求。 工序质量等级评定为：_____。 （签字，加盖公章） 年　　月　　日						

_____×××水闸_____工程

表 1.5　　　　普通混凝土浇筑工序施工质量验收评定表（实例）

单位工程名称	×××水闸工程		工序编号	SZ-ZS-DB-05
分部工程名称	闸室段		施工单位	×××省水利工程局
单元工程名称、部位	闸室底板		施工日期	2016 年 6 月 13 日至 2016 年 6 月 16 日

项次		检验项目	质量要求	检查记录	合格数	合格率
主控项目	1	入仓混凝土料	无不合格料入仓。如有少量不合格料入仓，应及时处理至达到要求	现场检查，无不合格料入仓	/	100%
	2	平仓分层	厚度不大于振捣棒有效长度的 90%，铺设均匀，分层清楚，无骨料集中现象	铺设均匀，分层清楚，无骨料集中现象	/	100%
	3	混凝土振捣	振捣器垂直插入下层 5cm，有次序，间距、留振时间合理，无漏振、无超振	振捣器垂直插入下层 5cm，有次序，间距、留振时间合理，无漏振、无超振	/	100%
	4	铺筑间歇时间	符合要求，无初凝现象	间歇时间符合要求，无初凝现象	/	100%
	5	浇筑温度（指有温控要求的混凝土）	满足设计要求	符合设计要求	/	100%
	6	混凝土养护	表面保持湿润；连续养护时间基本满足设计要求	表面保持湿润；连续养护时间基本满足设计要求	/	100%
一般项目	1	砂浆铺筑	厚度宜为 2～3cm，均匀平整，无漏铺	摊铺厚度为 3cm，均匀平整，无漏铺	/	100%
	2	积水和泌水	无外部水流入，泌水排除及时	无外部水流入，无泌水现象	/	100%
	3	插筋、管路等埋设件以及模板的保护	保护好，符合设计要求	管路等埋设件以及模板均已保护好	/	100%
	4	混凝土表面保护	保护时间、保温材料质量符合设计要求	保护时间、保温材料质量符合设计要求	/	100%
	5	脱模	脱模时间符合施工技术规范或设计要求	脱模时间符合《水工混凝土施工规范》（SL 677—2014）的要求	/	100%

施工单位自评意见	主控项目检验点全部合格，一般项目逐项检验点的合格率均不小于 **90.0** %，且不合格点不集中分布，各项报验资料 **符合** SL 632—2012 的要求。 　　工序质量等级评定为：**优良**。 　　　　　　　　　　　　　　　　　　　×××（签字，加盖公章） 　　　　　　　　　　　　　　　　　　　2016 年 6 月 16 日
监理单位复核意见	经复核，主控项目检验点全部合格，一般项目逐项检验点的合格率均不小于 **90.0** %，且不合格点不集中分布，各项报验资料 **符合** SL 632—2012 的要求。 　　工序质量等级评定为：**优良**。 　　　　　　　　　　　　　　　　　　　×××（签字，加盖公章） 　　　　　　　　　　　　　　　　　　　2016 年 6 月 16 日

表 1.5 普通混凝土浇筑工序施工质量验收评定表

填 表 要 求

填表时必须遵守"填表基本规定",并应符合下列要求。

1. 所选用的混凝土浇筑设备能力应与浇筑强度相适应,确保混凝土施工的连续性。
2. 单位工程、分部工程、单元工程名称及部位填写应与表 1 相同。
3. 各检验项目的检验方法及检验数量按表 1-5 的要求执行。

表 1-5　　　　　　　　　　普通混凝土浇筑检验

检 验 项 目	检验方法	检验数量
入仓混凝土料	观察	不少于入仓总次数的 50%
平仓分层	观察、量测	
混凝土振捣	在混凝土浇筑过程中全部检查	
铺筑间歇时间		
浇筑温度(指有温控要求的混凝土)	温度计测量	
混凝土养护	观察	全部
砂浆铺筑		
积水和泌水		
插筋、管路等埋设件以及模板的保护	观察、量测	
混凝土表面保护	观察	
脱模	观察或查阅施工记录	不少于脱模总次数的 30%

4. 工序施工质量验收评定应提交下列资料。

(1) 施工单位各班(组)初检记录、施工队复检记录、施工单位专职质检员终检记录、工序中各施工质量检验项目的检验资料。

(2) 监理单位对工序中施工质量检验项目的平行检测资料。

5. 工序质量标准。

(1) 合格等级标准。

1) 主控项目,检验结果应全部符合 SL 632—2012 的要求。

2) 一般项目,逐项应有 70% 及以上的检验点合格,且不合格点不应集中分布。

3) 各项报验资料应符合 SL 632—2012 的要求。

(2) 优良等级标准。

1) 主控项目,检验结果应全部符合 SL 632—2012 的要求。

2) 一般项目,逐项应有 90% 及以上的检验点合格,且不合格点不应集中分布。

3) 各项报验资料应符合 SL 632—2012 的要求。

表 1.6 普通混凝土外观质量检查工序施工质量验收评定表（样表）

单位工程名称			工序编号		
分部工程名称			施工单位		
单元工程名称、部位			施工日期	年 月 日至 年 月 日	

项次		检验项目	质量要求	检查记录	合格数	合格率
主控项目	1	有平整度要求的部位	符合设计及规范要求			
	2	形体尺寸	符合设计要求或允许偏差±20mm			
	3	重要部位缺损	不允许出现缺损			
一般项目	1	表面平整度	每2m偏差不大于8mm			
	2	麻面、蜂窝	麻面、蜂窝累计面积不超过0.5%。经处理符合设计要求			
	3	孔洞	单个面积不超过0.01m²，且深度不超过骨料最大粒径。经处理符合设计要求			
	4	错台、跑模、掉角	经处理符合设计要求			
	5	表面裂缝	短小、深度不大于钢筋保护层厚度的表面裂缝经处理符合设计要求			
施工单位自评意见		主控项目检验点全部合格，一般项目逐项检验点的合格率均不小于_____%，且不合格点不集中分布，各项报验资料_____ SL 632—2012的要求。 工序质量等级评定为：_____。 （签字，加盖公章） 年 月 日				
监理单位复核意见		经复核，主控项目检验点全部合格，一般项目逐项检验点的合格率均不小于_____%，且不合格点不集中分布，各项报验资料_____ SL 632—2012的要求。 工序质量等级评定为：_____。 （签字，加盖公章） 年 月 日				

表1.6 普通混凝土外观质量检查工序施工质量验收评定表（实例）

单位工程名称	×××水闸工程		工序编号	SZ-ZS-DB-06	
分部工程名称	闸室段		施工单位	×××省水利工程局	
单元工程名称、部位	闸室底板		施工日期	2016年6月18日至2016年6月18日	

项次		检验项目	质量要求	检查记录	合格数	合格率
主控项目	1	有平整度要求的部位	符合设计及规范要求	/	/	/
	2	形体尺寸	符合设计要求或允许偏差±20mm	设计值：长20000mm，宽46570mm，高1000mm；偏差实测值：长2mm、0mm、1mm、-1mm、2mm、0mm；宽2mm、0mm、-1mm、0mm、1mm、-2mm；高1mm、-1mm、0mm、2mm、-1mm、4mm	18	100%
	3	重要部位缺损	不允许出现缺损	无缺损	/	100%
一般项目	1	表面平整度	每2m偏差不大于8mm	偏差实测值为2mm、3mm、1mm、5mm、4mm、4mm、1mm、3mm、6mm、8mm	10	100%
	2	麻面、蜂窝	麻面、蜂窝累计面积不超过0.5%。经处理符合设计要求	麻面、蜂窝经处理符合设计要求	/	100%
	3	孔洞	单个面积不超过0.01m²，且深度不超过骨料最大粒径。经处理符合设计要求	无孔洞	/	100%
	4	错台、跑模、掉角	经处理符合设计要求	无错台、跑模	/	100%
	5	表面裂缝	短小、深度不大于钢筋保护层厚度的表面裂缝经处理符合设计要求	表面裂缝经处理符合设计要求	/	100%
施工单位自评意见			主控项目检验点全部合格，一般项目逐项检验点的合格率均不小于 __90.0__ %，且不合格点不集中分布，各项报验资料 __符合__ SL 632—2012的要求。 工序质量等级评定为：__优良__。 　　　　　　　　　　　　　　　×××（签字，加盖公章） 　　　　　　　　　　　　　　　2016年6月18日			
监理单位复核意见			经复核，主控项目检验点全部合格，一般项目逐项检验点的合格率均不小于 __90.0__ %，且不合格点不集中分布，各项报验资料 __符合__ SL 632—2012的要求。 工序质量等级评定为：__优良__。 　　　　　　　　　　　　　　　×××（签字，加盖公章） 　　　　　　　　　　　　　　　2016年6月19日			

表1.6 普通混凝土外观质量检查工序施工质量验收评定表

填 表 要 求

填表时必须遵守"填表基本规定",并应符合下列要求。

1. 混凝土拆模后,应检查其外观质量。当发生混凝土裂缝、冷缝、蜂窝、麻面、错台和变形等质量问题时,应及时处理,并做好记录。

2. 混凝土外观质量评定可在拆模后或消除缺陷处理后进行。

3. 单位工程、分部工程、单元工程名称及部位填写应与表1相同。

4. 各检验项目的检验方法及检验数量按表1-6的要求执行。

表1-6   普通混凝土外观质量检查检验

检 验 项 目	检 验 方 法	检 验 数 量
有平整度要求的部位	用2m靠尺或专用工具检查	100m² 及以上的表面检查6～10个点;100m² 以下的表面检查3～5个点
形体尺寸	钢尺测量	抽查15%
重要部位缺损	观察、仪器检测	全部
表面平整度	用2m靠尺或专用工具检查	100m² 及以上的表面检查6～10个点;100m² 以下的表面检查3～5个点
麻面、蜂窝	观察、量测	全部
孔洞		
错台、跑模、掉角		
表面裂缝		

5. 工序施工质量验收评定应提交下列资料。

(1) 施工单位各班(组)初检记录、施工队复检记录、施工单位专职质检员终检记录、工序中各施工质量检验项目的检验资料。

(2) 监理单位对工序中施工质量检验项目的平行检测资料。

6. 工序质量标准。

(1) 合格等级标准。

1) 主控项目,检验结果应全部符合SL 632—2012的要求。

2) 一般项目,逐项应有70%及以上的检验点合格,且不合格点不应集中分布。

3) 各项报验资料应符合SL 632—2012的要求。

(2) 优良等级标准。

1) 主控项目,检验结果应全部符合SL 632—2012的要求。

2) 一般项目,逐项应有90%及以上的检验点合格,且不合格点不应集中分布。

3) 各项报验资料应符合SL 632—2012的要求。

表 2　　　　碾压混凝土单元工程施工质量验收评定表（样表）

单位工程名称		单元工程量	
分部工程名称		施工单位	
单元工程名称、部位		施工日期	年　月　日至　　年　月　日

项次	工序名称（或编号）	工序质量验收评定等级
1	△碾压混凝土基础面处理	
	△碾压混凝土施工缝面处理	
2	△模板制作及安装	
3	预埋件制作及安装	
4	△混凝土浇筑	
5	混凝土成缝	
6	混凝土外观质量	

施工单位自评意见	各工序施工质量全部合格，其中优良工序占_____％，且主要工序达到_____等级，单元工程试块质量检验合格，各项报验资料_____ SL 632—2012 的要求。 单元工程质量等级评定为：_____。 （签字，加盖公章） 年　　月　　日
监理单位复核意见	经抽查并查验相关检验报告和检验资料，各工序施工质量全部合格，其中优良工序占_____％，且主要工序达到_____等级，单元工程试块质量检验合格，各项报验资料_____ SL 632—2012 的要求。 单元工程质量等级评定为：_____。 （签字，加盖公章） 年　　月　　日

注：本表所填"单元工程量"不作为施工单位工程量结算计量的依据。

＿＿＿×××水库＿＿＿工程

表 2　　　　　　　碾压混凝土单元工程施工质量验收评定表（实例）

单位工程名称	碾压混凝土重力坝	单元工程量	360m³
分部工程名称	坝后电站进水口坝段	施工单位	中国水利水电第×××工程局有限公司
单元工程名称、部位	14#坝段高程342.50～344.00m 碾压混凝土	施工日期	2016年10月18日至2016年10月24日

项次	工序名称（或编号）	工序质量验收评定等级
1	△碾压混凝土基础面处理	/
	△碾压混凝土施工缝面处理	优良
2	△模板制作及安装	优良
3	预埋件制作及安装	优良
4	△混凝土浇筑	优良
5	混凝土成缝	优良
6	混凝土外观质量	优良

施工单位自评意见	各工序施工质量全部合格，其中优良工序占＿100＿％，且主要工序达到＿优良＿等级，单元工程试块质量检验合格，各项报验资料＿符合＿SL 632—2012 的要求。 单元工程质量等级评定为：＿优良＿。 　　　　　　　　　　　　　　　　×××（签字，加盖公章） 　　　　　　　　　　　　　　　　2017年1月21日
监理单位复核意见	经抽查并查验相关检验报告和检验资料，各工序施工质量全部合格，其中优良工序占＿100＿％，且主要工序达到＿优良＿等级，单元工程试块质量检验合格，各项报验资料＿符合＿SL 632—2012 的要求。 单元工程质量等级评定为：＿优良＿。 　　　　　　　　　　　　　　　　×××（签字，加盖公章） 　　　　　　　　　　　　　　　　2017年1月21日

注：本表所填"单元工程量"不作为施工单位工程量结算计量的依据。

表2 碾压混凝土单元工程施工质量验收评定表

填 表 要 求

填表时必须遵守"填表基本规定",并应符合下列要求。

1. 单元工程划分:宜以一次连续填筑的段、块划分,每一段、块划分为一个单元工程。

2. 单元工程量填写本单元工程混凝土浇筑量(m³)。

3. 单元工程分为碾压混凝土基础面处理、碾压混凝土施工缝面处理、模板制作及安装、预埋件制作及安装、混凝土浇筑、混凝土成缝及混凝土外观质量检查6个工序,其中碾压混凝土基础面处理、碾压混凝土施工缝面处理、模板制作及安装、混凝土浇筑工序为主要工序,用△标注。本表须在表2.1~表2.6所列各工序施工质量验收评定合格的基础上进行填写。

4. 单元工程施工质量验收评定应提交下列资料。

(1)施工单位应提交单元工程中所含工序(或检验项目)验收评定的检验资料,原材料、拌和物与各项实体检验项目的检验记录资料。

(2)监理单位应提交对单元工程施工质量的平行检测资料。

5. 单元工程质量标准。

(1)合格等级标准。各工序施工质量验收评定应全部合格;各项报验资料应符合 SL 632—2012 的要求。

(2)优良等级标准。各工序施工质量验收评定应全部合格,其中优良工序应达到50%及以上,且主要工序应达到优良等级;各项报验资料应符合 SL 632—2012 的要求。

表 2.1　碾压混凝土基础面、施工缝面处理工序施工质量验收评定表（样表）

单位工程名称				工序编号			
分部工程名称				施工单位			
单元工程名称、部位				施工日期	年　月　日至　　年　月　日		
项次			检验项目	质量要求	检查记录	合格数	合格率
基础面	主控项目	1	岩基	符合设计要求			
			软基	预留保护层已挖除；基础面符合设计要求			
		2	地表水和地下水	妥善引排或封堵			
	一般项目	1	岩面清理	符合设计要求；清洗洁净、无积水、无积渣杂物			
施工缝面处理	主控项目	1	施工缝面凿毛	刷毛或冲毛，无乳皮、表面成毛面			
	一般项目	1	施工缝面清理	符合设计要求；清洗洁净、无积水、无积渣杂物			
施工单位自评意见	主控项目检验点全部合格，一般项目逐项检验点的合格率均不小于_____%，且不合格点不集中分布，各项报验资料_____ SL 632—2012 的要求。 　　工序质量等级评定为：_____。 （签字，加盖公章） 年　　月　　日						
监理单位复核意见	经复核，主控项目检验点全部合格，一般项目逐项检验点的合格率均不小于_____%，且不合格点不集中分布，各项报验资料_____ SL 632—2012 的要求。 　　工序质量等级评定为：_____。 （签字，加盖公章） 年　　月　　日						

表 2.1 碾压混凝土基础面、施工缝面处理工序施工质量验收评定表（实例）

单位工程名称			碾压混凝土重力坝	工序编号		G1－BHJS－14－1		
分部工程名称			坝后电站进水口坝段	施工单位		中国水利水电第×××工程局有限公司		
单元工程名称、部位			14#坝段高程342.50～344.00m 碾压混凝土	施工日期		2016 年 10 月 18 日至 2016 年 10 月 19 日		
项次		检验项目	质量要求	检查记录			合格数	合格率
基础面	主控项目	1 岩基	符合设计要求	/			/	/
		软基	预留保护层已挖除；基础面符合设计要求	/			/	/
		2 地表水和地下水	妥善引排或封堵	/			/	/
	一般项目	1 岩面清理	符合设计要求；清洗洁净、无积水、无积渣杂物	/			/	/
施工缝面处理	主控项目	1 施工缝面凿毛	刷毛或冲毛，无乳皮、表面成毛面	冲毛，无乳皮			/	100％
	一般项目	1 施工缝面清理	符合设计要求；清洗洁净、无积水、无积渣杂物	清洗洁净，无积水，无积渣杂物			/	100％
施工单位自评意见			主控项目检验点全部合格，一般项目逐项检验点的合格率均不小于 __90.0__ ％，且不合格点不集中分布，各项报验资料 __符合__ SL 632—2012 的要求。 工序质量等级评定为：__优良__ 。 ×××（签字，加盖公章） 2016 年 10 月 19 日					
监理单位复核意见			经复核，主控项目检验点全部合格，一般项目逐项检验点的合格率均不小于 __90.0__ ％，且不合格点不集中分布，各项报验资料 __符合__ SL 632—2012 的要求。 工序质量等级评定为：__优良__ 。 ×××（签字，加盖公章） 2016 年 10 月 19 日					

表 2.1 碾压混凝土基础面、施工缝面处理工序施工质量验收评定表

填 表 要 求

填表时必须遵守"填表基本规定",并应符合下列要求。

1. 单位工程、分部工程、单元工程名称及部位填写应与表 2 相同。

2. 各检验项目的检验方法及检验数量按表 2-1 的要求执行。

表 2-1　　　　　　　　　　碾压混凝土基础面、施工缝面处理检验

检 验 项 目		检 验 方 法	检 验 数 量
基础面	岩基	观察、查阅设计图纸或地质报告	全仓
	软基	观察、查阅测量断面图及设计图纸	
	地表水和地下水	观察	
	岩面清理		
施工缝面处理	施工缝面凿毛		
	施工缝面清理		

3. 工序施工质量验收评定应提交下列资料。

(1) 施工单位各班(组)初检记录、施工队复检记录、施工单位专职质检员终检记录、工序中各施工质量检验项目的检验资料。

(2) 监理单位对工序中施工质量检验项目的平行检测资料。

4. 工序质量标准。

(1) 合格等级标准。

1) 主控项目,检验结果应全部符合 SL 632—2012 的要求。

2) 一般项目,逐项应有 70% 及以上的检验点合格,且不合格点不应集中分布。

3) 各项报验资料应符合 SL 632—2012 的要求。

(2) 优良等级标准。

1) 主控项目,检验结果应全部符合 SL 632—2012 的要求。

2) 一般项目,逐项应有 90% 及以上的检验点合格,且不合格点不应集中分布。

3) 各项报验资料应符合 SL 632—2012 的要求。

表2.2 碾压混凝土模板制作及安装工序施工质量验收评定表（样表）

项次	检验项目		质量要求	检查记录	合格数	合格率
单位工程名称				工序编号		
分部工程名称				施工单位		
单元工程名称、部位				施工日期	年 月 日至 年 月 日	
主控项目	1	稳定性、刚度和强度		符合模板设计要求			
	2	结构物边线与设计边线		钢模：允许偏差0～+10mm；木模：允许偏差0～+15mm			
	3	结构物水平断面内部尺寸		允许偏差±20mm			
	4	承重模板标高		允许偏差±5mm			
一般项目	1	相邻两板面错台	外露表面	钢模：允许偏差2mm；木模：允许偏差3mm			
			隐蔽内面	允许偏差5mm			
	2	局部不平整度	外露表面	钢模：允许偏差3mm；木模：允许偏差5mm			
			隐蔽内面	允许偏差10mm			
	3	板面缝隙	外露表面	钢模：允许偏差1mm；木模：允许偏差2mm			
			隐蔽内面	允许偏差2mm			
	4	模板外观		规格符合设计要求；表面光洁、无污物			
	5	预留孔、洞尺寸边线		钢模：允许偏差0～+10mm；木模：允许偏差0～+15mm			
	6	预留孔、洞中心位置		允许偏差±10mm			
	7	脱模剂		质量符合标准要求，涂抹均匀			

施工单位自评意见	主控项目检验点全部合格，一般项目逐项检验点的合格率均不小于_____%，且不合格点不集中分布，各项报验资料_____ SL 632—2012 的要求。 工序质量等级评定为：_____。 （签字，加盖公章） 年 月 日
监理单位复核意见	经复核，主控项目检验点全部合格，一般项目逐项检验点的合格率均不小于_____%，且不合格点不集中分布，各项报验资料_____ SL 632—2012 的要求。 工序质量等级评定为：_____。 （签字，加盖公章） 年 月 日

＿＿＿×××水库＿＿＿工程

表2.2 碾压混凝土模板制作及安装工序施工质量验收评定表（实例）

单位工程名称	碾压混凝土重力坝	工序编号	G1-BHJS-14-2		
分部工程名称	坝后电站进水口坝段	施工单位	中国水利水电第×××工程局有限公司		
单元工程名称、部位	14#坝段高程342.50～344.00m碾压混凝土	施工日期	2016年10月18日至2016年10月19日		

项次		检验项目		质量要求	检查记录	合格数	合格率
主控项目	1	稳定性、刚度和强度		符合模板设计要求	采用钢模板和木模板结合，稳定性、刚度、强度满足荷载要求	/	100%
	2	结构物边线与设计边线		钢模：允许偏差0～+10mm；木模：允许偏差0～+15mm	钢模：偏差实测值为2mm、3mm、4mm、5mm、1mm；木模：偏差实测值为1mm、2mm、7mm、11mm、9mm	10	100%
	3	结构物水平断面内部尺寸		允许偏差±20mm	偏差实测值为8mm、6mm、1mm、4mm、5mm	5	100%
	4	承重模板标高		允许偏差±5mm	/	/	/
一般项目	1	相邻两板面错台	外露表面	钢模：允许偏差2mm；木模：允许偏差3mm	/	/	/
			隐蔽内面	允许偏差5mm	偏差实测值为5mm、4mm、1mm、3mm、2mm、5mm、4mm、1mm、3mm、2mm	10	100%
	2	局部不平整度	外露表面	钢模：允许偏差3mm；木模：允许偏差5mm	/	/	/
			隐蔽内面	允许偏差10mm	偏差实测值为9mm、7mm、4mm、1mm、5mm	5	100%
	3	板面缝隙	外露表面	钢模：允许偏差1mm；木模：允许偏差2mm	/	/	/
			隐蔽内面	允许偏差2mm	偏差实测值为1mm、1mm、2mm、1mm、2mm	5	100%
	4	模板外观		规格符合设计要求；表面光洁、无污物	表面光洁、无污物		100%
	5	预留孔、洞尺寸边线		钢模：允许偏差0～+10mm；木模：允许偏差0～+15mm	/	/	/
	6	预留孔、洞中心位置		允许偏差±10mm			
	7	脱模剂		质量符合标准要求，涂抹均匀	脱模剂涂刷均匀，无明显色差	/	100%

施工单位自评意见	主控项目检验点全部合格，一般项目逐项检验点的合格率均不小于 __90.0__ %，且不合格点不集中分布，各项报验资料 __符合__ SL 632—2012的要求。 工序质量等级评定为：__优良__ 。 <div align="right">×××（签字，加盖公章） 2016年10月19日</div>
监理单位复核意见	经复核，主控项目检验点全部合格，一般项目逐项检验点的合格率均不小于 __90.0__ %，且不合格点不集中分布，各项报验资料 __符合__ SL 632—2012的要求。 工序质量等级评定为：__优良__ 。 <div align="right">×××（签字，加盖公章） 2016年10月19日</div>

表 2.2　碾压混凝土模板制作及安装工序施工质量验收评定表
填　表　要　求

填表时必须遵守"填表基本规定"，并应符合下列要求。

1. 单位工程、分部工程、单元工程名称及部位填写应与表 2 相同。
2. 各检验项目的检验方法及检验数量按表 2-2 的要求执行。

表 2-2　　　　　　　　　　　碾压混凝土模板制作及安装检验

检验项目		检验方法	检验数量
稳定性、刚度和强度		对照文件和图纸检查	全部
结构物边线与设计边线、结构物水平断面内部尺寸、承重模板标高		量测	不少于 5 个点
相邻两板面错台	外露表面	按照水平方向布点用 2m 靠尺量测	模板面积在 100m² 以内，不少于 10 个点；100m² 以上，不少于 20 个点
	隐蔽内面		
局部不平整度	外露表面	用 2m 靠尺量测	不少于 5 个点
	隐蔽内面		
板面缝隙	外露表面	量测	
	隐蔽内面		
模板外观		查阅图纸及目视检查	定型钢模板应抽查同一类型、同一规格模板的 10%，且不少于 3 件，其他逐件检查
预留孔、洞尺寸边线，预留孔、洞中心位置		查阅图纸、测量	全数
脱模剂		观察	全部

3. 工序施工质量验收评定应提交下列资料。

(1) 施工单位各班（组）初检记录、施工队复检记录、施工单位专职质检员终检记录、工序中各施工质量检验项目的检验资料。

(2) 监理单位对工序中施工质量检验项目的平行检测资料。

4. 工序质量标准。

(1) 合格等级标准。

1) 主控项目，检验结果应全部符合 SL 632—2012 的要求。

2) 一般项目，逐项应有 70% 及以上的检验点合格，且不合格点不应集中分布。

3) 各项报验资料应符合 SL 632—2012 的要求。

(2) 优良等级标准。

1) 主控项目，检验结果应全部符合 SL 632—2012 的要求。

2) 一般项目，逐项应有 90% 及以上的检验点合格，且不合格点不应集中分布。

3) 各项报验资料应符合 SL 632—2012 的要求。

_____工程

表2.3 碾压混凝土预埋件制作及安装工序施工质量验收评定表（样表）

单位工程名称				工序编号				
分部工程名称				施工单位				
单元工程名称、部位				施工日期	年 月 日至		年 月 日	
项次			检验项目	质量要求	检查记录		合格数	合格率
止水片、止水带	主控项目	1	片（带）外观	表面平整，无浮皮、锈污、油渍、砂眼、钉孔、裂纹等				
		2	基座	符合设计要求（按基础面要求验收合格）				
		3	片（带）插入深度	符合设计要求				
		4	沥青井（柱）	位置准确、牢固，上下层衔接好，电热元件及绝热材料埋设准确，沥青填塞密实				
		5	接头	符合工艺要求				
	一般项目	1	片（带）偏差 宽度	允许偏差±5mm				
			高度	允许偏差±2mm				
			长度	允许偏差±20mm				
		2	搭接长度 金属止水片	≥20mm，双面焊接				
			橡胶、PVC止水带	≥100mm				
			金属止水片与PVC止水带接头栓接长度	≥350mm（螺栓栓接法）				
		3	片（带）中心线与接缝中心线安装偏差	允许偏差±5mm				
伸缩缝（填充材料）	主控项目	1	伸缩缝缝面	平整、顺直、干燥，外露铁件应割除，确保伸缩有效				
	一般项目	1	涂敷沥青料	涂刷均匀平整，与混凝土黏结紧密，无气泡及隆起现象				
		2	粘贴沥青油毛毡	铺设厚度均匀平整、牢固、搭接紧密				
		3	铺设预制油毡板或其他闭缝板	铺设厚度均匀平整、牢固、相邻块安装紧密、平整、无缝				

	项次		检验项目	质量要求	检查记录	合格数	合格率
排水系统	主控项目	1	孔口装置	按设计要求加工、安装，并进行防锈处理，安装牢固，不应有渗水、漏水现象			
		2	排水管通畅性	通畅			
	一般项目	1	排水孔倾斜度	允许偏差4%			
		2	排水孔（管）位置	允许偏差100mm			
		3	基岩排水孔 倾斜度 孔深不小于8m	允许偏差1%			
			孔深小于8m	允许偏差2%			
			深度	允许偏差±0.5%			
冷却及灌浆管路	主控项目	1	管路安装	安装牢固、可靠，接头不漏水、不漏气、无堵塞			
	一般项目	1	管路出口	露出模板外300～500mm，妥善保护，有识别标志			
铁件	主控项目	1	高程、方位、埋入深度及外露长度等	符合设计要求			
	一般项目	1	铁件外观	表面无锈皮、油污等			
		2	锚筋钻孔位置 梁、柱的锚筋	允许偏差20mm			
			钢筋网的锚筋	允许偏差50mm			
		3	钻孔底部的孔径	锚筋直径d+20mm			
		4	钻孔深度	符合设计要求			
		5	钻孔的倾斜度相对设计轴线	允许偏差5%（在全孔深度范围内）			

施工单位自评意见	主控项目检验点全部合格，一般项目逐项检验点的合格率均不小于_____%，且不合格点不集中分布，各项报验资料_____ SL 632—2012 的要求。 工序质量等级评定为：_____。 （签字，加盖公章） 年　　月　　日
监理单位复核意见	经复核，主控项目检验点全部合格，一般项目逐项检验点的合格率均不小于_____%，且不合格点不集中分布，各项报验资料_____ SL 632—2012 的要求。 工序质量等级评定为：_____。 （签字，加盖公章） 年　　月　　日

表2.3 碾压混凝土预埋件制作及安装工序施工质量验收评定表（实例）

单位工程名称			碾压混凝土重力坝	工序编号		G1-BHJS-14-3		
分部工程名称			坝后电站进水口坝段	施工单位		中国水利水电第×××工程局有限公司		
单元工程名称、部位			14♯坝段高程342.50～344.00m碾压混凝土	施工日期		2016年10月19日至2016年10月20日		
项次			检验项目	质量要求	检查记录		合格数	合格率
止水片、止水带	主控项目	1	片（带）外观	表面平整，无浮皮、锈污、油渍、砂眼、钉孔、裂纹等	表面平整，无浮皮、锈污、油渍、砂眼、钉孔、裂纹等		/	100%
		2	基座	符合设计要求（按基础面要求验收合格）	/		/	/
		3	片（带）插入深度	符合设计要求	/		/	/
		4	沥青井（柱）	位置准确、牢固，上下层衔接好，电热元件及绝热材料埋设准确，沥青填塞密实	/		/	/
		5	接头	符合工艺要求	/		/	/
	一般项目	1	片（带）偏差 宽度	允许偏差±5mm	/		/	/
			片（带）偏差 高度	允许偏差±2mm	/		/	/
			片（带）偏差 长度	允许偏差±20mm	/		/	/
		2	搭接长度 金属止水片	≥20mm，双面焊接	/		/	/
			搭接长度 橡胶、PVC止水带	≥100mm	/		/	/
			搭接长度 金属止水片与PVC止水带接头栓接长度	≥350mm（螺栓栓接法）	/		/	/
		3	片（带）中心线与接缝中心线安装偏差	允许偏差±5mm	偏差实测值为2mm、1mm、0mm、一2mm、5mm、3mm		6	100%
伸缩缝（填充材料）	主控项目	1	伸缩缝缝面	平整、顺直、干燥，外露铁件应割除，确保伸缩有效	/		/	/
	一般项目	1	涂敷沥青料	涂刷均匀平整，与混凝土黏结紧密，无气泡及隆起现象	/		/	/
		2	粘贴沥青油毛毡	铺设厚度均匀平整、牢固、搭接紧密	/		/	/
		3	铺设预制油毡板或其他闭缝板	铺设厚度均匀平整、牢固、相邻块安装紧密、平整、无缝	止水处铺设闭孔泡沫板，铺设厚度均匀平整、牢固、相邻块安装紧密、平整、无缝		/	100%

项次			检验项目		质量要求	检查记录	合格数	合格率
排水系统	主控项目	1	孔口装置		按设计要求加工、安装，并进行防锈处理，安装牢固，不应有渗水、漏水现象	/	/	/
		2	排水管通畅性		通畅	/	/	/
	一般项目	1	排水孔倾斜度		允许偏差4%	/	/	/
		2	排水孔（管）位置		允许偏差100mm	/	/	/
		3	基岩排水孔	倾斜度 孔深不小于8m	允许偏差1%	/	/	/
				倾斜度 孔深小于8m	允许偏差2%	/	/	/
				深度	允许偏差±0.5%	/	/	/
冷却及灌浆管路	主控项目	1	管路安装		安装牢固、可靠，接头不漏水、不漏气、无堵塞	冷却水管安装牢固、可靠	/	100%
	一般项目	1	管路出口		露出模板外300～500mm，妥善保护，有识别标志	冷却水管出口露出模板外300～500mm，妥善保护，有识别标志	/	100%
铁件	主控项目		高程、方位、埋入深度及外露长度等		符合设计要求	/	/	/
	一般项目	1	铁件外观		表面无锈皮、油污等	/	/	/
		2	锚筋钻孔位置	梁、柱的锚筋	允许偏差20mm	/	/	/
				钢筋网的锚筋	允许偏差50mm	/	/	/
		3	钻孔底部的孔径		锚筋直径$d+20$mm	/	/	/
		4	钻孔深度		符合设计要求	/	/	/
		5	钻孔的倾斜度相对设计轴线		允许偏差5%（在全孔深度范围内）	/	/	/

施工单位自评意见	主控项目检验点全部合格，一般项目逐项检验点的合格率均不小于 __90.0__ %，且不合格点不集中分布，各项报验资料 __符合__ SL 632—2012 的要求。 工序质量等级评定为：__优良__。 ×××（签字，加盖公章） 2016 年 10 月 20 日
监理单位复核意见	经复核，主控项目检验点全部合格，一般项目逐项检验点的合格率均不小于 __90.0__ %，且不合格点不集中分布，各项报验资料 __符合__ SL 632—2012 的要求。 工序质量等级评定为：__优良__。 ×××（签字，加盖公章） 2016 年 10 月 20 日

表 2.3 碾压混凝土预埋件制作及安装工序施工质量验收评定表

填 表 要 求

填表时必须遵守"填表基本规定",并应符合下列要求。

1. 水工混凝土中的预埋件包括止水、伸缩缝(填充材料)、排水系统、冷却及灌浆管路、铁件、安全监测设施等。在施工中应进行全过程检查和保护,防止移位、变形、损坏及堵塞。

2. 预埋件的结构型式、位置、尺寸及材料的品种、规格、性能等应符合设计要求和有关标准。所有预埋件都应进行材质证明检查,需要抽检的材料应按有关规范进行。

3. 单位工程、分部工程、单元工程名称及部位填写应与表 2 相同。

4. 各检验项目的检验方法及检验数量按表 2-3 的要求执行。

表 2-3   碾压混凝土预埋件制作及安装检验

检 验 项 目			检验方法	检验数量
止水片、止水带	片(带)外观		观察	所有外露止水片(带)
	基座			不少于 5 个点
	片(带)插入深度		检查、量测	不少于 1 个点
	沥青井(柱)		观察	检查 3~5 个点
	接头		检查	全数
	片(带)偏差	宽度	量测	检查 3~5 个点
		高度		
		长度		
	搭接长度	金属止水片		每个焊接处
		橡胶、PVC 止水带		每个连接带
		金属止水片与 PVC 止水带接头栓接长度		
	片(带)中心线与接缝中心线安装偏差			检查 1~2 个点
伸缩缝(填充材料)	伸缩缝缝面		观察	全部
	涂敷沥青料			
	粘贴沥青油毛毡			
	铺设预制油毡板或其他闭缝板			
排水系统	孔口装置		观察、量测	全数
	排水管通畅性		观察	
	排水孔倾斜度		量测	
	排水孔(管)位置			
	基岩排水孔	倾斜度	孔深不小于 8m	
			孔深小于 8m	
		深度		

检 验 项 目			检验方法	检验数量
冷却及灌浆管路	管路安装		通气、通水	所有接头
	管路出口		观察	
铁件	高程、方位、埋入深度及外露长度等		对照图纸现场观察、查阅施工记录、量测	全部
	铁件外观		观察	
	锚筋钻孔位置	梁、柱的锚筋	量测	
		钢筋网的锚筋		
	钻孔底部的孔径			
	钻孔深度			
	钻孔的倾斜度相对设计轴线			

5．工序施工质量验收评定应提交下列资料。

（1）施工单位各班（组）初检记录、施工队复检记录、施工单位专职质检员终检记录、工序中各施工质量检验项目的检验资料。

（2）监理单位对工序中施工质量检验项目的平行检测资料。

6．工序质量标准。

（1）合格等级标准。

1）主控项目，检验结果应全部符合 SL 632—2012 的要求。

2）一般项目，逐项应有 70％及以上的检验点合格，且不合格点不应集中分布。

3）各项报验资料应符合 SL 632—2012 的要求。

（2）优良等级标准。

1）主控项目，检验结果应全部符合 SL 632—2012 的要求。

2）一般项目，逐项应有 90％及以上的检验点合格，且不合格点不应集中分布。

3）各项报验资料应符合 SL 632—2012 的要求。

表 2.4　　　　碾压混凝土浇筑工序施工质量验收评定表（样表）

单位工程名称				工序编号				
分部工程名称				施工单位				
单元工程名称、部位				施工日期		年　月　日至	年　月　日	
项次		检验项目	质量标准		检查记录		合格数	合格率
混凝土铺筑碾压	主控项目	1　碾压参数	应符合碾压试验确定的参数值					
		2　运输、卸料、平仓和碾压	符合设计要求，卸料高度不大于1.5m；迎水面防渗范围平仓与碾压方向不允许与坝轴线垂直，摊铺至碾压间隔时间不宜超过2h					
		3　层间允许间隔时间	符合允许间隔时间要求					
		4　控制碾压厚度	满足碾压试验参数要求					
		5　混凝土压实密度	符合规范或设计要求					
	一般项目	1　碾压条带边缘的处理	搭接20～30cm，宽度与下一条同时碾压					
		2　碾压搭接宽度	条带间搭接10～20cm；端头部位搭接不少于100cm					
		3　碾压层表面	不允许出现骨料分离					
		4　混凝土养护	仓面保持湿润，养护时间符合要求，仓面养护到上层碾压混凝土铺筑为止					
变态混凝土	主控项目	1　灰浆拌制	由水泥与粉煤灰并掺用外加剂拌制，水胶比宜不大于碾压混凝土的水胶比，保持浆体均匀					
		2　灰浆铺洒	加浆量满足设计要求，铺洒方式符合设计及规范要求，间歇时间低于规定时间					
		3　振捣	符合规定要求，间隔时间符合规定标准					
	一般项目	1　与碾压混凝土振碾搭接宽度	应大于20cm					
		2　铺层厚度	符合设计要求					
		3　施工层面	无积水，不允许出现骨料分离；特殊地区施工时空气温度应满足施工层面需要					
施工单位自评意见		主控项目检验点全部合格，一般项目逐项检验点的合格率均不小于_____%，且不合格点不集中分布，各项报验资料_____ SL 632—2012 的要求。　　　工序质量等级评定为：_____。 （签字，加盖公章） 　　　　　　　年　　月　　日						
监理单位复核意见		经复核，主控项目检验点全部合格，一般项目逐项检验点的合格率均不小于_____%，且不合格点不集中分布，各项报验资料_____ SL 632—2012 的要求。　　　工序质量等级评定为：_____。 （签字，加盖公章） 　　　　　　　年　　月　　日						

表 2.4　　　碾压混凝土浇筑工序施工质量验收评定表（实例）

单位工程名称		碾压混凝土重力坝		工序编号	G1－BHJS－14－4
分部工程名称		坝后电站进水口坝段		施工单位	中国水利水电第×××工程局有限公司
单元工程名称、部位		14#坝段高程342.50～344.00m碾压混凝土		施工日期	2016年10月19日至2016年10月20日

项次			检验项目	质量标准	检查记录	合格数	合格率
混凝土铺筑碾压	主控项目	1	碾压参数	应符合碾压试验确定的参数值	符合试验参数值	/	100%
		2	运输、卸料、平仓和碾压	符合设计要求，卸料高度不大于1.5m；迎水面防渗范围平仓与碾压方向不允许与坝轴线垂直，摊铺至碾压间隔时间不宜超过2h	符合设计要求，卸料高度不大于1.5m；迎水面防渗范围平仓与碾压方向不与坝轴线垂直，摊铺至碾压间隔时间不超过2h	/	100%
		3	层间允许间隔时间	符合允许间隔时间要求	间隔时间小于6h，符合要求	/	100%
		4	控制碾压厚度	满足碾压试验参数要求	碾压厚度实测值为31cm、36cm、35cm，小于碾压试验厚度	3	100%
		5	混凝土压实密度	符合规范或设计要求	混凝土压实度均大于98%	/	100%
	一般项目	1	碾压条带边缘的处理	搭接20～30cm，宽度与下一条同时碾压	搭接22cm、29cm，宽度与下一条同时碾压	2	100%
		2	碾压搭接宽度	条带间搭接10～20cm；端头部位搭接不少于100cm	条带间搭接21cm、27cm；端头部位搭接大于100cm	2	100%
		3	碾压层表面	不允许出现骨料分离	无骨料分离	/	100%
		4	混凝土养护	仓面保持湿润，养护时间符合要求，仓面养护到上层碾压混凝土铺筑为止	仓面保持湿润，仓面养护到上层碾压混凝土铺筑为止	/	100%
变态混凝土	主控项目	1	灰浆拌制	由水泥与粉煤灰并掺用外加剂拌制，水胶比宜不大于碾压混凝土的水胶比，保持浆体均匀	水胶比小于碾压混凝土的水胶比，浆体均匀	/	100%
		2	灰浆铺洒	加浆量满足设计要求，铺洒方式符合设计及规范要求，间歇时间低于规定时间	加浆量6%，铺洒方式采用人工插孔加浆，间歇时间低于规定时间	/	100%
		3	振捣	符合规定要求，间隔时间符合规定标准	采用φ100高频振捣器振捣，在止水铜片周围采用φ50振捣器振捣，间隔时间符合规定标准	/	100%
	一般项目	1	与碾压混凝土振碾搭接宽度	应大于20cm	搭接宽度实测值为21cm、26cm	2	100%
		2	铺层厚度	符合设计要求	铺层厚度实测值为31cm、35cm、36cm、32cm、31cm、38cm、31cm、31cm、31cm、37cm	9	90%
		3	施工层面	无积水，不允许出现骨料分离；特殊地区施工时空气温度应满足施工层面需要	无积水，无骨料分离	/	100%

施工单位自评意见	主控项目检验点全部合格，一般项目逐项检验点的合格率均不小于 __90.0__ %，且不合格点不集中分布，各项报验资料 __符合__ SL 632—2012的要求。 工序质量等级评定为：__优良__。 ×××（签字，加盖公章） 2016年10月20日
监理单位复核意见	经复核，主控项目检验点全部合格，一般项目逐项检验点的合格率均不小于 __90.0__ %，且不合格点不集中分布，各项报验资料 __符合__ SL 632—2012的要求。 工序质量等级评定为：__优良__。 ×××（签字，加盖公章） 2016年10月20日

表 2.4 碾压混凝土浇筑工序施工质量验收评定表

填 表 要 求

填表时必须遵守"填表基本规定",并应符合下列要求。

1. 混凝土浇筑包括垫层混凝土(异种混凝土)浇筑、混凝土铺筑碾压、变态混凝土施工。碾压施工参数如压实机具的型号、规格,铺料厚度,碾压遍数,碾压速度等应由碾压试验确定。垫层混凝土(异种混凝土)浇筑施工质量应按表 1 进行评定。

2. 单位工程、分部工程、单元工程名称及部位填写应与表 2 相同。施工日期为混凝土浇筑开始至结束的时间,浇筑质量评定应在混凝土养护期满后进行。

3. 各检验项目的检验方法及检验数量按表 2-4 的要求执行。

表 2-4 碾 压 混 凝 土 浇 筑 检 验

检 验 项 目		检 验 方 法	检 验 数 量
混凝土铺筑碾压	碾压参数	查阅试验报告、施工记录	每班至少检查 2 次
	运输、卸料、平仓和碾压	观察、记录间隔时间	全部
	层间允许间隔时间		
	控制碾压厚度	使用插尺、直尺量测	每个仓号均检测 2~3 个点
	混凝土压实密度	密度检测仪测试混凝土岩芯试验(必要时)	每 100~200m² 碾压层测试 1 次,每层至少有 3 个点
	碾压条带边缘的处理	观察、量测	每个仓号均检测 1~2 个点
	碾压搭接宽度		每个仓号抽查 1~2 个点
	碾压层表面	观察	
	混凝土养护		
变态混凝土	灰浆拌制	查阅试验报告、施工记录或比重计量测	全部
	灰浆铺洒	观察、记录间隔时间	
	振捣	浇筑过程中全部检查	
	与碾压混凝土振碾搭接宽度	观察	每个仓号抽查 1~2 个点
	铺层厚度	量测	全部
	施工层面	观察	

4. 工序施工质量验收评定应提交下列资料。

(1)施工单位各班(组)初检记录、施工队复检记录、施工单位专职质检员终检记录工序中各施工质量检验项目的检验资料。

(2)监理单位对工序中施工质量检验项目的平行检测资料。

5. 工序质量标准。

(1)合格等级标准。

1)主控项目,检验结果应全部符合 SL 632—2012 的要求。

2)一般项目,逐项应有 70% 及以上的检验点合格,且不合格点不应集中分布。

3）各项报验资料应符合 SL 632—2012 的要求。

（2）优良等级标准。

1）主控项目，检验结果应全部符合 SL 632—2012 的要求。

2）一般项目，逐项应有 90％及以上的检验点合格，且不合格点不应集中分布。

3）各项报验资料应符合 SL 632—2012 的要求。

表 2.5　　　　碾压混凝土成缝工序施工质量验收评定表（样表）

单位工程名称				工序编号			
分部工程名称				施工单位			
单元工程名称、部位				施工日期	年　月　日至　　年　月　日		
项次		检验项目	质量要求	检查记录		合格数	合格率
主控项目	1	缝面位置	应满足设计要求				
	2	结构型式及填充材料	应满足设计要求				
	3	有重复灌浆要求横缝	制作与安装应满足设计要求				
一般项目	1	切缝工艺	应满足设计要求				
	2	成缝面积	满足设计要求				
施工单位自评意见		主控项目检验点全部合格，一般项目逐项检验点的合格率均不小于_____%，且不合格点不集中分布，各项报验资料_____ SL 632—2012 的要求。 　　工序质量等级评定为：_____。 （签字，加盖公章） 年　　月　　日					
监理单位复核意见		经复核，主控项目检验点全部合格，一般项目逐项检验点的合格率均不小于_____%，且不合格点不集中分布，各项报验资料_____ SL 632—2012 的要求。 　　工序质量等级评定为：_____。 （签字，加盖公章） 年　　月　　日					

表 2.5 　　　　碾压混凝土成缝工序施工质量验收评定表（实例）

单位工程名称	碾压混凝土重力坝	工序编号	G1－BHJS－14－5
分部工程名称	坝后电站进水口坝段	施工单位	中国水利水电第×××工程局有限公司
单元工程名称、部位	14♯坝段高程342.50～344.00m 碾压混凝土	施工日期	2016 年 10 月 19 日至 2016 年 10 月 20 日

项次		检验项目	质量要求	检查记录	合格数	合格率
主控项目	1	缝面位置	应满足设计要求	**符合设计要求**	/	100%
	2	结构型式及填充材料	应满足设计要求	**采用自制切缝机切缝，设置彩条布填充封面**	/	100%
	3	有重复灌浆要求横缝	制作与安装应满足设计要求	/	/	/
一般项目	1	切缝工艺	应满足设计要求	**先碾后切，再对缝口补碾，切缝深度为 20cm**	/	100%
	2	成缝面积	满足设计要求	**大于设计面积的 60%**	/	100%

施工单位自评意见	主控项目检验点全部合格，一般项目逐项检验点的合格率均不小于　**90.0**　%，且不合格点不集中分布，各项报验资料　**符合**　SL 632—2012 的要求。 　　工序质量等级评定为：　**优良**　。 　　　　　　　　　　　　　　　　　　×××（签字，加盖公章） 　　　　　　　　　　　　　　　　　　2016 年 10 月 20 日
监理单位复核意见	经复核，主控项目检验点全部合格，一般项目逐项检验点的合格率均不小于　**90.0**　%，且不合格点不集中分布，各项报验资料　**符合**　SL 632—2012 的要求。 　　工序质量等级评定为：　**优良**　。 　　　　　　　　　　　　　　　　　　×××（签字，加盖公章） 　　　　　　　　　　　　　　　　　　2016 年 10 月 20 日

表 2.5　碾压混凝土成缝工序施工质量验收评定表

填 表 要 求

填表时必须遵守"填表基本规定"，并应符合下列要求。

1. 单位工程、分部工程、单元工程名称及部位填写应与表 2 相同。

2. 各检验项目的检验方法及检验数量按表 2-5 的要求执行。

表 2-5　　　　　　　　　碾 压 混 凝 土 成 缝 检 验

检 验 项 目	检 验 方 法	检 验 数 量
缝面位置	观察、量测	
结构型式及填充材料	观察	
有重复灌浆要求横缝	观察、量测	全部
切缝工艺	量测	
成缝面积		

3. 工序施工质量验收评定应提交下列资料。

（1）施工单位各班（组）初检记录、施工队复检记录、施工单位专职质检员终检记录、工序中各施工质量检验项目的检验资料。

（2）监理单位对工序中施工质量检验项目的平行检测资料。

4. 工序质量标准。

（1）合格等级标准。

1）主控项目，检验结果应全部符合 SL 632—2012 的要求。

2）一般项目，逐项应有 70％及以上的检验点合格，且不合格点不应集中分布。

3）各项报验资料应符合 SL 632—2012 的要求。

（2）优良等级标准。

1）主控项目，检验结果应全部符合 SL 632—2012 的要求。

2）一般项目，逐项应有 90％及以上的检验点合格，且不合格点不应集中分布。

3）各项报验资料应符合 SL 632—2012 的要求。

表 2.6　碾压混凝土外观质量检查工序施工质量验收评定表（样表）

单位工程名称				工序编号	
分部工程名称				施工单位	
单元工程名称、部位				施工日期	年　月　日至　　年　月　日

项次		检验项目	质量要求	检查记录	合格数	合格率
主控项目	1	有平整度要求的部位	符合设计及规范要求			
	2	形体尺寸	符合设计要求或允许偏差±20mm			
	3	重要部位缺损	不允许出现缺损			
一般项目	1	表面平整度	每2m偏差不大于8mm			
	2	麻面、蜂窝	麻面、蜂窝累计面积不超过0.5％。经处理符合设计要求			
	3	孔洞	单个面积不超过0.01m²，且深度不超过骨料最大粒径。经处理符合设计要求			
	4	错台、跑模、掉角	经处理符合设计要求			
	5	表面裂缝	短小、深度不大于钢筋保护层厚度的表面裂缝经处理符合设计要求			

施工单位自评意见	主控项目检验点全部合格，一般项目逐项检验点的合格率均不小于_____％，且不合格点不集中分布，各项报验资料_____SL 632—2012的要求。 工序质量等级评定为：_____。 （签字，加盖公章） 年　　月　　日
监理单位复核意见	经复核，主控项目检验点全部合格，一般项目逐项检验点的合格率均不小于_____％，且不合格点不集中分布，各项报验资料_____SL 632—2012的要求。 工序质量等级评定为：_____。 （签字，加盖公章） 年　　月　　日

<u>　　×××水库　　</u>工程

表 2.6　　碾压混凝土外观质量检查工序施工质量验收评定表（实例）

单位工程名称	碾压混凝土重力坝	工序编号	G1－BHJS－14－6
分部工程名称	坝后电站进水口坝段	施工单位	中国水利水电第×××工程局 有限公司
单元工程名称、部位	14＃坝段高程342.50～ 344.00m碾压混凝土	施工日期	2016 年 10 月 19 日至 2016 年 10 月 20 日

项次		检验项目	质量要求	检查记录	合格数	合格率
主控项目	1	有平整度要求的部位	符合设计及规范要求	/	/	/
	2	形体尺寸	符合设计要求或允许偏差±20mm	长：偏差实测值为 1mm、－1mm、2mm、5mm、7mm、0mm； 宽：偏差实测值为 －1mm、5mm、－2mm、4mm、3mm、－3mm	12	100%
	3	重要部位缺损	不允许出现缺损	重要部位无缺损	/	100%
一般项目	1	表面平整度	每 2m 偏差不大于 8mm	偏差实测值为 1mm、2mm、3mm、7mm、5mm、4mm、6mm、2mm、3mm、8mm	10	100%
	2	麻面、蜂窝	麻面、蜂窝累计面积不超过0.5%。经处理符合设计要求	麻面、蜂窝累计面积不超过0.5%，已处理完成	/	100%
	3	孔洞	单个面积不超过 0.01m²，且深度不超过骨料最大粒径。经处理符合设计要求	无孔洞	/	100%
	4	错台、跑模、掉角	经处理符合设计要求	无错台、跑模、掉角	/	100%
	5	表面裂缝	短小、深度不大于钢筋保护层厚度的表面裂缝经处理符合设计要求	无表面裂缝	/	100%

施工单位自评意见	主控项目检验点全部合格，一般项目逐项检验点的合格率均不小于　__90.0__　%，且不合格点不集中分布，各项报验资料　__符合__　SL 632—2012 的要求。 　　工序质量等级评定为：　__优良__　。 　　　　　　　　　　　　　　　　　　　×××（签字，加盖公章） 　　　　　　　　　　　　　　　　　　　2016 年 10 月 20 日
监理单位复核意见	经复核，主控项目检验点全部合格，一般项目逐项检验点的合格率均不小于　__90.0__　%，且不合格点不集中分布，各项报验资料　__符合__　SL 632—2012 的要求。 　　工序质量等级评定为：　__优良__　。 　　　　　　　　　　　　　　　　　　　×××（签字，加盖公章） 　　　　　　　　　　　　　　　　　　　2016 年 10 月 20 日

表2.6 碾压混凝土外观质量检查工序施工质量验收评定表

填 表 要 求

填表时必须遵守"填表基本规定",并应符合下列要求。

1. 混凝土拆模后,应检查其外观质量。当发生混凝土裂缝、冷缝、蜂窝、麻面、错台和变形等质量问题时,应及时处理,并做好记录。

2. 混凝土外观质量评定可在拆模后或消除缺陷处理后进行。

3. 单位工程、分部工程、单元工程名称及部位填写应与表2相同。

4. 各检验项目的检验方法及检验数量按表2-6的要求执行。

表2-6 碾压混凝土外观质量检验

检验项目	检验方法	检 验 数 量
有平整度要求的部位	用2m靠尺或专用工具检查	100m² 以上的表面检查6～10个点;100m² 以下的表面检查3～5个点
形体尺寸	钢尺测量	抽查15%
重要部位缺损	观察、仪器检测	全部
表面平整度	用2m靠尺或专用工具检查	100m² 以上的表面检查6～10个点;100m² 以下的表面检查3～5个点
麻面、蜂窝	观察、量测	全部
孔洞		
错台、跑模、掉角		
表面裂缝		

5. 工序施工质量验收评定应提交下列资料。

(1)施工单位各班(组)初检记录、施工队复检记录、施工单位专职质检员终检记录、工序中各施工质量检验项目的检验资料。

(2)监理单位对工序中施工质量检验项目的平行检测资料。

6. 工序质量标准。

(1)合格等级标准。

1)主控项目,检验结果应全部符合SL 632—2012的要求。

2)一般项目,逐项应有70%及以上的检验点合格,且不合格点不应集中分布。

3)各项报验资料应符合SL 632—2012的要求。

(2)优良等级标准。

1)主控项目,检验结果应全部符合SL 632—2012的要求。

2)一般项目,逐项应有90%及以上的检验点合格,且不合格点不应集中分布。

3)各项报验资料应符合SL 632—2012的要求。

_____工程

表 3　　　　趾板混凝土单元工程施工质量验收评定表（样表）

单位工程名称		单元工程量	
分部工程名称		施工单位	
单元工程名称、部位		施工日期	年　月　日至　年　月　日

项次	工序名称（或编号）	工序质量验收评定等级
1	基面清理	
2	模板制作及安装	
3	△钢筋制作及安装	
4	预埋件制作及安装	
5	△混凝土浇筑（含养护）	
6	混凝土外观质量	

施工单位自评意见	各工序施工质量全部合格，其中优良工序占_____％，且主要工序达到_____等级，单元工程试块质量检验合格，各项报验资料_____ SL 632—2012 的要求。 　　单元工程质量等级评定为：_____。 （签字，加盖公章） 　　　　年　月　日
监理单位复核意见	经抽查并查验相关检验报告和检验资料，各工序施工质量全部合格，其中优良工序占_____％，且主要工序达到_____等级，单元工程试块质量检验合格，各项报验资料_____ SL 632—2012 的要求。 　　单元工程质量等级评定为：_____。 （签字，加盖公章） 　　　　年　月　日
注：本表所填"单元工程量"不作为施工单位工程量结算计量的依据。	

表 3　　　　　　趾板混凝土单元工程施工质量验收评定表（实例）

单位工程名称	×××右坝段	单元工程量	80m³
分部工程名称	混凝土防渗面板	施工单位	×××省水利水电工程局
单元工程名称、部位	混凝土面板趾板	施工日期	2015 年 8 月 2 日至 2015 年 8 月 10 日

项次	工序名称（或编号）	工序质量验收评定等级
1	基面清理	优良
2	模板制作及安装	优良
3	△钢筋制作及安装	优良
4	预埋件制作及安装	优良
5	△混凝土浇筑（含养护）	优良
6	混凝土外观质量	优良

施工单位自评意见	各工序施工质量全部合格，其中优良工序占 __100__ ％，且主要工序达到 __优良__ 等级，单元工程试块质量检验合格，各项报验资料 __符合__ SL 632—2012 的要求。 单元工程质量等级评定为：__优良__ 。 ×××（签字，加盖公章） 2015 年 8 月 12 日
监理单位复核意见	经抽查并查验相关检验报告和检验资料，各工序施工质量全部合格，其中优良工序占 __100__ ％，且主要工序达到 __优良__ 等级，单元工程试块质量检验合格，各项报验资料 __符合__ SL 632—2012 的要求。 单元工程质量等级评定为：__优良__ 。 ×××（签字，加盖公章） 2015 年 8 月 12 日

注：本表所填"单元工程量"不作为施工单位工程量结算计量的依据。

表 3　趾板混凝土单元工程施工质量验收评定表

填　表　要　求

填表时必须遵守"填表基本规定"，并应符合下列要求。

1. 本表适用于混凝土面板堆石坝（含砂砾石填筑的坝）中趾板混凝土施工质量的验收评定。

2. 混凝土面板单元工程宜以每块面板对应的趾板划分为一个单元工程。

3. 单元工程量填写本单元工程混凝土浇筑量（m^3）。

4. 单元工程分为基面清理、模板制作及安装、钢筋制作及安装、预埋件制作及安装、混凝土浇筑（含养护）及混凝土外观质量检查 6 个工序，其中钢筋制作及安装、混凝土浇筑（含养护）工序为主要工序，用△标注。本表须在表 3.1～表 3.6 所列各工序施工质量验收评定合格的基础上进行填写。

5. 单元工程施工质量验收评定应提交下列资料。

(1) 施工单位应提交单元工程中所含工序（或检验项目）验收评定的检验资料，原材料、拌和物与各项实体检验项目的检验记录资料。

(2) 监理单位应提交对单元工程施工质量的平行检测资料。

6. 单元工程质量标准。

(1) 合格等级标准。各工序施工质量验收评定应全部合格；各项报验资料应符合 SL 632—2012 的要求。

(2) 优良等级标准。各工序施工质量验收评定应全部合格，其中优良工序应达到 50％及以上，且主要工序应达到优良等级；各项报验资料应符合 SL 632—2012 的要求。

表 3.1　趾板混凝土基础面处理工序施工质量验收评定表（样表）

单位工程名称				工序编号	
分部工程名称				施工单位	
单元工程名称、部位				施工日期	年　月　日至　　年　月　日

项次	检验项目		质量要求	检查记录	合格数	合格率
主控项目	1	基础面 岩基	符合设计要求			
		基础面 软基	预留保护层已挖除；基础面符合设计要求			
	2	地表水和地下水	妥善引排或封堵			
一般项目	1	岩面清理	符合设计要求；清洗洁净，无积水、无积渣杂物			

施工单位自评意见	主控项目检验点全部合格，一般项目逐项检验点的合格率均不小于_____％，且不合格点不集中分布，各项报验资料_____SL 632—2012 的要求。 工序质量等级评定为：_____。 （签字，加盖公章） 　　年　　月　　日
监理单位复核意见	经复核，主控项目检验点全部合格，一般项目逐项检验点的合格率均不小于_____％，且不合格点不集中分布，各项报验资料_____SL 632—2012 的要求。 工序质量等级评定为：_____。 （签字，加盖公章） 　　年　　月　　日

＿＿＿×××土石坝＿＿＿工程

表 3.1　　趾板混凝土基础面处理工序施工质量验收评定表（实例）

单位工程名称			×××右坝段	工序编号		YB－MB－ZB－01
分部工程名称			混凝土防渗面板	施工单位		×××省水利水电工程局
单元工程名称、部位			混凝土面板趾板	施工日期		2015 年 8 月 2 日至 2015 年 8 月 3 日
项次	检验项目		质量要求	检查记录	合格数	合格率
主控项目	1	基础面 岩基	符合设计要求	无杂物、泥土、松动岩块、松散软弱夹层	／	100%
		基础面 软基	预留保护层已挖除；基础面符合设计要求	／	／	／
	2	地表水和地下水	妥善引排或封堵	已妥善引排或封堵	／	100%
一般项目	1	岩面清理	符合设计要求；清洗洁净，无积水、无积渣杂物	岩面已清洗洁净，无积水、无积渣杂物	／	100%
施工单位自评意见	主控项目检验点全部合格，一般项目逐项检验点的合格率均不小于 __90.0__ %，且不合格点不集中分布，各项报验资料 __符合__ SL 632—2012 的要求。 工序质量等级评定为：__优良__ 。 ×××（签字，加盖公章） 2015 年 8 月 3 日					
监理单位复核意见	经复核，主控项目检验点全部合格，一般项目逐项检验点的合格率均不小于 __90.0__ %，且不合格点不集中分布，各项报验资料 __符合__ SL 632—2012 的要求。 工序质量等级评定为：__优良__ 。 ×××（签字，加盖公章） 2015 年 8 月 3 日					

表3.1 趾板混凝土基础面处理工序施工质量验收评定表

填 表 要 求

填表时必须遵守"填表基本规定",并应符合下列要求。

1. 单位工程、分部工程、单元工程名称及部位填写应与表3相同。

2. 各检验项目的检验方法及检验数量按表3-1的要求执行。

表3-1 趾板混凝土基础面处理检验

检 验 项 目		检 验 方 法	检 验 数 量
基础面	岩基	观察、查阅设计图纸或地质报告	全仓
	软基	观察、查阅测量断面图及设计图纸	
地表水和地下水		观察	
岩面清理			

3. 工序施工质量验收评定应提交下列资料。

(1) 施工单位各班(组)初检记录、施工队复检记录、施工单位专职质检员终检记录、工序中各施工质量检验项目的检验资料。

(2) 监理单位对工序中施工质量检验项目的平行检测资料。

4. 工序质量标准。

(1) 合格等级标准。

1) 主控项目,检验结果应全部符合SL 632—2012的要求。

2) 一般项目,逐项应有70%及以上的检验点合格,且不合格点不应集中分布。

3) 各项报验资料应符合SL 632—2012的要求。

(2) 优良等级标准。

1) 主控项目,检验结果应全部符合SL 632—2012的要求。

2) 一般项目,逐项应有90%及以上的检验点合格,且不合格点不应集中分布。

3) 各项报验资料应符合SL 632—2012的要求。

表3.2 趾板混凝土滑模制作及安装工序施工质量验收评定表（样表）

单位工程名称			工序编号				
分部工程名称			施工单位				
单元工程名称、部位			施工日期	年 月 日至	年 月 日		
项次		检验项目	质量要求	检查记录		合格数	合格率
主控项目	1	滑模结构及其牵引系统	应牢固可靠，便于施工，并应设有安全装置				
	2	模板及其支架	满足设计稳定性、刚度和强度要求				
一般项目	1	模板表面	处理干净，无任何附着物，表面光滑				
	2	脱模剂	涂抹均匀				
	3	滑模制作及安装 外形尺寸	允许偏差±10mm				
	4	对角线长度	允许偏差±6mm				
	5	扭曲	允许偏差 4mm				
	6	表面局部不平度	允许偏差 3mm				
	7	滚轮及滑道间距	允许偏差±10mm				
	8	滑模轨道制作及安装 轨道安装高程	允许偏差±5mm				
	9	轨道安装中心线	允许偏差±10mm				
	10	轨道接头处轨面错位	允许偏差 2mm				
施工单位自评意见	主控项目检验点全部合格，一般项目逐项检验点的合格率均不小于_____%，且不合格点不集中分布，各项报验资料_____ SL 632—2012 的要求。 工序质量等级评定为：_____。 （签字，加盖公章） 年　　月　　日						
监理单位复核意见	经复核，主控项目检验点全部合格，一般项目逐项检验点的合格率均不小于_____%，且不合格点不集中分布，各项报验资料_____ SL 632—2012 的要求。 工序质量等级评定为：_____。 （签字，加盖公章） 年　　月　　日						

×××土石坝 工程

表 3.2 趾板混凝土滑模制作及安装工序施工质量验收评定表（实例）

单位工程名称		×××右坝段		工序编号		YB－MB－ZB－02		
分部工程名称		混凝土防渗面板		施工单位		×××省水利水电工程局		
单元工程名称、部位		混凝土面板趾板		施工日期		2015 年 8 月 2 日至 2015 年 8 月 3 日		
项次		检验项目	质量要求	检查记录		合格数	合格率	
主控项目	1	滑模结构及其牵引系统	应牢固可靠，便于施工，并应设有安全装置	滑模结构牢固可靠，并设有安全装置		/	100%	
	2	模板及其支架	满足设计稳定性、刚度和强度要求	稳定性、刚度和强度满足设计要求		/	100%	
一般项目	1	滑模制作及安装	模板表面	处理干净，无任何附着物，表面光滑	表面已处理干净，无任何附着物，表面光滑	/	100%	
	2		脱模剂	涂抹均匀	涂抹均匀	/	100%	
	3		外形尺寸	允许偏差±10mm	长：偏差实测值为 5mm、2mm、4mm、3mm、6mm；宽：偏差实测值为 2mm、2mm、3mm、8mm、5mm；高：偏差实测值为 5mm、7mm、7mm、4mm、1mm	15	100%	
	4		对角线长度	允许偏差±6mm	偏差实测值为 4mm、5mm、6mm、5mm、4mm	5	100%	
	5		扭曲	允许偏差 4mm	偏差实测值为 2.2～4.5mm，共20点	18	100%	
	6		表面局部不平度	允许偏差 3mm	偏差实测值为 0.9～3.2mm，共20点	19	95%	
	7		滚轮及滑道间距	允许偏差±10mm	偏差实测值为 4mm、4mm、5mm、5mm、3mm	5	100%	
	8	滑模轨道制作及安装	轨道安装高程	允许偏差±5mm	偏差实测值为 －3.2～4.2mm，共20点	20	100%	
	9		轨道安装中心线	允许偏差±10mm	偏差实测值为 －2.5～6.9mm，共20点	20	100%	
	10		轨道接头处轨面错位	允许偏差 2mm	偏差实测值为 1.2mm、2mm、1.8mm、1mm、1.6mm、0.9mm	6	100%	
施工单位自评意见		主控项目检验点全部合格，一般项目逐项检验点的合格率均不小于 **90.0** %，且不合格点不集中分布，各项报验资料 **符合** SL 632—2012 的要求。 工序质量等级评定为：**优良**。 <div align="right">×××（签字，加盖公章） 2015 年 8 月 3 日</div>						
监理单位复核意见		经复核，主控项目检验点全部合格，一般项目逐项检验点的合格率均不小于 **90.0** %，且不合格点不集中分布，各项报验资料 **符合** SL 632—2012 的要求。 工序质量等级评定为：**优良**。 <div align="right">×××（签字，加盖公章） 2015 年 8 月 3 日</div>						

表 3.2 趾板混凝土滑模制作及安装工序施工质量验收评定表

填 表 要 求

填表时必须遵守"填表基本规定",并应符合下列要求。

1. 本表适用于混凝土模板滑模制作及安装、滑模轨道安装工序的施工质量评定。

2. 单位工程、分部工程、单元工程名称及部位填写应与表 3 相同。

3. 各检验项目的检验方法及检验数量按表 3-2 的要求执行。

表 3-2 趾板混凝土滑模制作及安装检验

检 验 项 目		检 验 方 法	检 验 数 量
滑模结构及其牵引系统		观察、试运行	全数
模板及其支架		观察、查阅设计文件	
模板表面		观察	
脱模剂			
滑模制作及安装	外形尺寸	量测	每 100m² 不少于 8 个点
	对角线长度		每 100m² 不少于 4 个点
	扭曲	挂线检查	每 100m² 不少于 16 个点
	表面局部不平度	用 2m 靠尺量测	每 100m² 不少于 20 个点
	滚轮及滑道间距		每 100m² 不少于 4 个点
滑模轨道制作及安装	轨道安装高程	量测	每 10 延米各测 1 点,总检验点不少于 20 个点
	轨道安装中心线		
	轨道接头处轨面错位		每处接头检测 2 个点

4. 工序施工质量验收评定应提交下列资料。

(1) 施工单位各班(组)初检记录、施工队复检记录、施工单位专职质检员终检记录、工序中各施工质量检验项目的检验资料。

(2) 监理单位对工序中施工质量检验项目的平行检测资料。

5. 工序质量标准。

(1) 合格等级标准。

1) 主控项目,检验结果应全部符合 SL 632—2012 的要求。

2) 一般项目,逐项应有 70% 及以上的检验点合格,且不合格点不应集中分布。

3) 各项报验资料应符合 SL 632—2012 的要求。

(2) 优良等级标准。

1) 主控项目,检验结果应全部符合 SL 632—2012 的要求。

2) 一般项目,逐项应有 90% 及以上的检验点合格,且不合格点不应集中分布。

3) 各项报验资料应符合 SL 632—2012 的要求。

表3.3 趾板混凝土钢筋制作及安装工序施工质量验收评定表（样表）

单位工程名称					工序编号					
分部工程名称					施工单位					
单元工程名称、部位					施工日期	年 月 日至		年 月 日		

项次		检验项目			质量要求	检查记录	合格数	合格率
主控项目	1	钢筋的数量、规格尺寸、安装位置			符合质量标准和设计的要求			
	2	钢筋接头的力学性能			符合规范要求和国家及行业有关规定			
	3	焊接接头和焊缝外观			不允许有裂缝、脱焊点、漏焊点，表面平顺，没有明显的咬边、凹陷、气孔等，钢筋不应有明显烧伤			
	4	钢筋连接	电弧焊	帮条对焊接头中心	纵向偏移差不大于 $0.5d$			
				接头处钢筋轴线的曲折	$\leqslant 4°$			
				焊缝 长度	允许偏差 $-0.5d$			
				焊缝 宽度	允许偏差 $-0.1d$			
				焊缝 高度	允许偏差 $-0.05d$			
				焊缝 表面气孔夹渣	在 $2d$ 长度上数量不多于2个；气孔、夹渣的直径不大于3mm			
			对焊及熔槽焊	焊接接头根部未焊透深度 $\phi25\sim40$ 钢筋	$\leqslant 0.15d$			
				焊接接头根部未焊透深度 $\phi40\sim70$ 钢筋	$\leqslant 0.10d$			
				接头处钢筋中心线的位移	$0.10d$ 且不大于2mm			
				蜂窝、气孔、非金属杂质	焊缝表面（长为 $2d$）和焊缝截面上不多于3个，且每个直径不大于1.5mm			
			绑扎连接	缺扣、松扣	$\leqslant 20\%$，且不集中			
				弯钩朝向正确	符合设计图纸			
				搭接长度	允许偏差 -0.05 设计值			

项次	检验项目			质量要求	检查记录	合格数	合格率
主控项目	4 钢筋连接	机械连接	带肋钢筋冷挤压连接接头	压痕处套筒外形尺寸	挤压后套筒长度应为原套筒长度的 1.10～1.15 倍，或压痕处套筒的外径波动范围为 0.8～0.9 的原套筒外径		
				挤压道次	符合型式检验结果		
				接头弯折	≤4°		
				裂缝检查	挤压后肉眼观察无裂缝		
			直（锥）螺纹连接接头	丝头外观质量	保护良好，无锈蚀和油污，牙形饱满光滑		
				套头外观质量	无裂纹或其他肉眼可见缺陷		
				外露丝扣	无 1 扣以上完整丝扣外露		
				螺纹匹配	丝头螺纹与套筒螺纹满足连接要求，螺纹结合紧密，无明显松动，以及相应处理方法得当		
	5	钢筋间距		无明显大过小的现象			
	6	保护层厚度		允许偏差±1/4 净保护层厚度			
一般项目	1	钢筋长度方向		允许偏差±1/2 净保护层厚度			
	2	同一排受力钢筋间距	排架、柱、梁	允许偏差±0.5d			
			板、墙	允许偏差±0.1 间距			
	3	双排钢筋，其排与排间距		允许偏差±0.1 排距			
	4	梁与柱中箍筋间距		允许偏差±0.1 箍筋间距			

施工单位自评意见	主控项目检验点全部合格，一般项目逐项检验点的合格率均不小于_____％，且不合格点不集中分布，各项报验资料_____ SL 632—2012 的要求。 工序质量等级评定为：_____。 （签字，加盖公章） 年　　月　　日
监理单位复核意见	经复核，主控项目检验点全部合格，一般项目逐项检验点的合格率均不小于_____％，且不合格点不集中分布，各项报验资料_____ SL 632—2012 的要求。 工序质量等级评定为：_____。 （签字，加盖公章） 年　　月　　日

表3.3 趾板混凝土钢筋制作及安装工序施工质量验收评定表（实例）

单位工程名称	×××右坝段	工序编号	YB－MB－ZB－03
分部工程名称	混凝土防渗面板	施工单位	×××省水利水电工程局
单元工程名称、部位	混凝土面板趾板	施工日期	2015年8月4日至2015年8月4日

项次		检验项目			质量要求	检查记录	合格数	合格率
主控项目	1		钢筋的数量、规格尺寸、安装位置		符合质量标准和设计的要求	钢筋的数量、规格尺寸、安装位置均符合设计图纸的要求	/	100%
	2		钢筋接头的力学性能		符合规范要求和国家及行业有关规定	查钢筋力学试验报告，接头性能符合规范要求	/	100%
	3		焊接接头和焊缝外观		不允许有裂缝、脱焊点、漏焊点、表面平顺，没有明显的咬边、凹陷、气孔等，钢筋不应有明显烧伤	无裂缝、脱焊、漏焊，表面平顺，无明显咬边、凹陷、气孔，钢筋无明显烧伤	/	100%
	4	钢筋连接	电弧焊	帮条对焊接头中心	纵向偏移差不大于0.5d	钢筋直径d为12mm，偏差实测值为5mm、5mm、3mm、3mm、4mm、4.5mm、3.6mm、5.2mm、4.8mm、5.1mm	10	100%
				接头处钢筋轴线的曲折	≤4°	实测值为4°、3°、3°、2°、2°、3.5°、2.4°、1.9°、2.5°、3.3°	10	100%
				焊缝 长度	允许偏差－0.5d	/	/	/
				焊缝 宽度	允许偏差－0.1d	/	/	/
				焊缝 高度	允许偏差－0.05d	/	/	/
				表面气孔夹渣	在2d长度上数量不多于2个；气孔、夹渣的直径不大于3mm	/	/	/
			对焊及熔槽焊	焊接接头根部未焊透深度 ϕ25～40钢筋	≤0.15d	/	/	/
				焊接接头根部未焊透深度 ϕ40～70钢筋	≤0.10d	/	/	/
				接头处钢筋中心线的位移	0.10d且不大于2mm	/	/	/
				蜂窝、气孔、非金属杂质	焊缝表面（长为2d）和焊缝截面上不多于3个，且每个直径不大于1.5mm	/	/	/
			绑扎连接	缺扣、松扣	≤20%，且不集中	/	/	/
				弯钩朝向正确	符合设计图纸	/	/	/
				搭接长度	允许偏差－0.05设计值	/	/	/

项次	检验项目			质量要求	检查记录	合格数	合格率
主控项目	4	钢筋连接	机械连接	带肋钢筋冷挤压连接接头	压痕处套筒外形尺寸	挤压后套筒长度应为原套筒长度的 1.10～1.15 倍，或压痕处套筒的外径波动范围为 0.8～0.9 的原套筒外径	/	/	/
					挤压道次	符合型式检验结果	/	/	/
					接头弯折	≤4°	/	/	/
					裂缝检查	挤压后肉眼观察无裂缝	/	/	/
				直（锥）螺纹连接接头	丝头外观质量	保护良好，无锈蚀和油污，牙形饱满光滑	/	/	/
					套头外观质量	无裂纹或其他肉眼可见缺陷	/	/	/
					外露丝扣	无 1 扣以上完整丝扣外露	/	/	/
					螺纹匹配	丝头螺纹与套筒螺纹满足连接要求，螺纹结合紧密，无明显松动，以及相应处理方法得当	/	/	/
	5	钢筋间距			无明显过大过小的现象	无明显过大过小的现象	/	100%
	6	保护层厚度			允许偏差±1/4 净保护层厚度	保护层厚度设计值为 5cm，偏差实测值为—0.2mm、0mm、—0.2mm、0.2mm、0.1mm	5	100%
一般项目	1	钢筋长度方向			允许偏差±1/2 净保护层厚度	保护层厚度设计值为 5cm，偏差实测值为 2mm、1mm、1mm、1mm、0mm、1mm、—2mm、2mm	8	100%
	2	同一排受力钢筋间距	排架、柱、梁		允许偏差±0.5d		/	/	/
			板、墙		允许偏差±0.1 间距		/	/	/
	3	双排钢筋，其排与排间距			允许偏差±0.1 排距		/	/	/
	4	梁与柱中箍筋间距			允许偏差±0.1 箍筋间距		/	/	/

施工单位自评意见	主控项目检验点全部合格，一般项目逐项检验点的合格率均不小于 __90.0__ %，且不合格点不集中分布，各项报验资料 **符合** SL 632—2012 的要求。 工序质量等级评定为：**优良**。 ×××（签字，加盖公章） **2015 年 8 月 4 日**
监理单位复核意见	经复核，主控项目检验点全部合格，一般项目逐项检验点的合格率均不小于 __90.0__ %，且不合格点不集中分布，各项报验资料 **符合** SL 632—2012 的要求。 工序质量等级评定为：**优良**。 ×××（签字，加盖公章） **2015 年 8 月 4 日**

表 3.3 趾板混凝土钢筋制作及安装工序施工质量验收评定表

填 表 要 求

填表时必须遵守"填表基本规定",并应符合下列要求。

1. 钢筋进场时应逐批(炉号)进行检验,应查验产品合格证、出厂检验报告和外观质量并记录,并按相关规定抽取试样进行力学性能检验,不符合标准规定的不应使用。

2. 单位工程、分部工程、单元工程名称及部位填写应与表 3 相同。

3. 各检验项目的检验方法及检验数量按表 3-3 的要求执行。

表 3-3　　　　　　　　　趾板混凝土钢筋制作及安装检验

<table>
<tr><td colspan="4">检 验 项 目</td><td>检 验 方 法</td><td>检 验 数 量</td></tr>
<tr><td colspan="4">钢筋的数量、规格尺寸、安装位置</td><td>对照设计文件检查</td><td>全数</td></tr>
<tr><td colspan="4">钢筋接头的力学性能</td><td>对照仓号在结构上取样测试</td><td>焊接 200 个接头检测 1 组,机械连接 500 个接头检测 1 组</td></tr>
<tr><td colspan="4">焊接接头和焊缝外观</td><td>观察并记录</td><td>不少于 10 个点</td></tr>
<tr><td rowspan="23">钢筋连接</td><td rowspan="6">电弧焊</td><td colspan="2">帮条对焊接头中心</td><td rowspan="15">观察、量测</td><td rowspan="19">每项不少于 10 个点</td></tr>
<tr><td colspan="2">接头处钢筋轴线的曲折</td></tr>
<tr><td rowspan="4">焊缝</td><td>长度</td></tr>
<tr><td>宽度</td></tr>
<tr><td>高度</td></tr>
<tr><td>表面气孔夹渣</td></tr>
<tr><td rowspan="4">对焊及熔槽焊</td><td rowspan="2">焊接接头根部未焊透深度</td><td>$\phi25\sim40$ 钢筋</td></tr>
<tr><td>$\phi40\sim70$ 钢筋</td></tr>
<tr><td colspan="2">接头处钢筋中心线的位移</td></tr>
<tr><td colspan="2">蜂窝、气孔、非金属杂质</td></tr>
<tr><td rowspan="3">绑扎连接</td><td colspan="2">缺扣、松扣</td></tr>
<tr><td colspan="2">弯钩朝向正确</td><td>观察</td></tr>
<tr><td colspan="2">搭接长度</td><td>量测</td></tr>
<tr><td rowspan="9">机械连接</td><td rowspan="4">带肋钢筋冷挤压连接接头</td><td>压痕处套筒外形尺寸</td><td rowspan="4">观察并量测</td></tr>
<tr><td>挤压道次</td></tr>
<tr><td>接头弯折</td></tr>
<tr><td>裂缝检查</td></tr>
<tr><td rowspan="4">直(锥)螺纹连接接头</td><td>丝头外观质量</td><td rowspan="4">观察、量测</td></tr>
<tr><td>套头外观质量</td></tr>
<tr><td>外露丝扣</td></tr>
<tr><td>螺纹匹配</td></tr>
</table>

检 验 项 目		检验方法	检验数量
钢筋间距		观察、量测	每项不少于 10 个点
保护层厚度			
钢筋长度方向			
同一排受力钢筋间距	排架、柱、梁		每项不少于 5 个点
	板、墙		
双排钢筋，其排与排间距			
梁与柱中箍筋间距			每项不少于 10 个点

4. 工序施工质量验收评定应提交下列资料。

（1）施工单位各班（组）初检记录、施工队复检记录、施工单位专职质检员终检记录、工序中各施工质量检验项目的检验资料。

（2）监理单位对工序中施工质量检验项目的平行检测资料。

5. 工序质量标准。

（1）合格等级标准。

1）主控项目，检验结果应全部符合 SL 632—2012 的要求。

2）一般项目，逐项应有 70％及以上的检验点合格，且不合格点不应集中分布。

3）各项报验资料应符合 SL 632—2012 的要求。

（2）优良等级标准。

1）主控项目，检验结果应全部符合 SL 632—2012 的要求。

2）一般项目，逐项应有 90％及以上的检验点合格，且不合格点不应集中分布。

3）各项报验资料应符合 SL 632—2012 的要求。

表 3.4　趾板混凝土预埋件制作及安装工序施工质量验收评定表（样表）

单位工程名称			工序编号			
分部工程名称			施工单位			
单元工程名称、部位			施工日期	年　月　日至	年　月　日	

项次		检验项目	质量要求	检查记录	合格数	合格率
止水片、止水带	主控项目	1　止水片（带）连接	铜止水片连（焊）接表面光滑、无孔洞、无裂缝；对缝焊应为单面双层焊接；搭接焊应为双面焊接，搭接长度应大于 20mm。拼接处的抗拉强度不小于母材强度			
			PVC 止水带采用热黏结或热焊接，搭接长度不小于 150mm；橡胶止水带硫化连接牢固。接头内不应有气泡、夹渣或渗水。拼接处的抗拉强度不小于母材强度			
		2　止水片（带）外观	表面浮皮、锈污、油漆、油渍等清除干净；止水片（带）无变形、变位			
		3　基座	符合设计要求（按基础面要求验收合格）			
		4　片（带）插入深度	符合设计要求			
	一般项目	1　PVC（或橡胶）垫片	平铺或粘贴在砂浆垫（或沥青垫）上，中心线应与缝中心线重合；允许偏差 ±5mm			
		2　制作（成型）　宽度	铜止水允许偏差 ±5mm；PVC 或橡胶止水带允许偏差 ±5mm			
		鼻子或立腿高度	铜止水允许偏差 ±2mm			
		中心部分直径	PVC 或橡胶止水带允许偏差 ±2mm			
		3　安装　中心线与设计	铜止水允许偏差 ±5mm；PVC 或橡胶止水带允许偏差 ±5mm			
		两侧平段倾斜	铜止水允许偏差 ±5mm；PVC 或橡胶止水带允许偏差 ±10mm			

项次		检验项目	质量要求	检查记录	合格数	合格率
伸缩缝	主控项目	1 柔性料填充	满足设计断面要求，边缘允许偏差±10mm；面膜按设计结构设置，与混凝土面应黏结紧密，锚压牢固，形成密封腔			
		2 无黏性料填充	填料填塞密实，保护罩的外形尺寸符合设计要求，安装锚固用的角钢、膨胀螺栓规格、间距符合设计要求，并经防腐处理。位置偏差不大于30mm；螺栓孔距允许偏差不大于50mm；螺栓孔深允许偏差不大于5mm			
	一般项目	1 面板接缝顶部预留填塞柔性填料的V形槽	位置准确，规格、尺寸符合设计要求			
		2 预留槽表面处理	清洁、干燥，黏结剂涂刷均匀、平整、不应漏涂，涂料应与混凝土面黏结密实			
		3 砂浆垫层	平整度、宽度符合设计要求；平整度允许偏差±2mm；宽度允许偏差不大于5mm			
		4 柔性填料表面	混凝土表面应平整、密实；无松动混凝土块、无露筋、蜂窝、麻面、起皮、起砂现象			

施工单位自评意见：主控项目检验点全部合格，一般项目逐项检验点的合格率均不小于_____%，且不合格点不集中分布，各项报验资料_____ SL 632—2012 的要求。

工序质量等级评定为：_____。

（签字，加盖公章）
年　　月　　日

监理单位复核意见：经复核，主控项目检验点全部合格，一般项目逐项检验点的合格率均不小于_____%，且不合格点不集中分布，各项报验资料_____ SL 632—2012 的要求。

工序质量等级评定为：_____。

（签字，加盖公章）
年　　月　　日

表 3.4 趾板混凝土预埋件制作及安装工序施工质量验收评定表（实例）

单位工程名称	×××右坝段	工序编号	YB－MB－ZB－04
分部工程名称	混凝土防渗面板	施工单位	×××省水利水电工程局
单元工程名称、部位	混凝土面板趾板	施工日期	2015 年 8 月 5 日至 2015 年 8 月 8 日

项次			检验项目	质量要求	检查记录	合格数	合格率
止水片、止水带	主控项目	1	止水片（带）连接	铜止水片连（焊）接表面光滑、无孔洞、无裂缝；对缝焊应为单面双层焊接；搭接焊应为双面焊接，搭接长度应大于 20mm。拼接处的抗拉强度不小于母材强度	/	/	/
				PVC 止水带采用热黏结或热焊接，搭接长度不小于 150mm；橡胶止水带硫化连接牢固。接头内不应有气泡、夹渣或渗水。拼接处的抗拉强度不小于母材强度	/	/	/
		2	止水片（带）外观	表面浮皮、锈污、油漆、油渍等清除干净；止水片（带）无变形、变位	表面平整，无浮皮、锈污、油漆、油渍、砂眼、钉孔、裂纹	/	100%
		3	基座	符合设计要求（按基础面要求验收合格）	无乳皮，成毛面	/	100%
		4	片（带）插入深度	符合设计要求	/	/	/
	一般项目	1	PVC（或橡胶）垫片	平铺或粘贴在砂浆垫（或沥青垫）上，中心线应与缝中心线重合；允许偏差±5mm	/	/	/
		2	制作（成型） 宽度	铜止水允许偏差±5mm；PVC 或橡胶止水带允许偏差±5mm	/	/	/
			制作（成型） 鼻子或立腿高度	铜止水允许偏差±2mm	/	/	/
			制作（成型） 中心部分直径	PVC 或橡胶止水带允许偏差±2mm	/	/	/
		3	安装 中心线与设计	铜止水允许偏差±5mm；PVC 或橡胶止水带允许偏差±5mm	偏差实测值为 3mm、－3mm、4mm、3mm、3mm、－3mm	6	100%
			安装 两侧平段倾斜	铜止水允许偏差±5mm；PVC 或橡胶止水带允许偏差±10mm	/	/	/

项次		检验项目	质量要求	检查记录	合格数	合格率
伸缩缝	主控项目	1 柔性料填充	满足设计断面要求,边缘允许偏差±10mm;面膜按设计结构设置,与混凝土面应黏结紧密,锚压牢固,形成密封腔	/	/	/
		2 无黏性料填充	填料填塞密实,保护罩的外形尺寸符合设计要求,安装锚固用的角钢、膨胀螺栓规格、间距符合设计要求,并经防腐处理。位置偏差不大于30mm;螺栓孔距允许偏差不大于50mm;螺栓孔深允许偏差不大于5mm	/	/	/
	一般项目	1 面板接缝顶部预留填塞柔性填料的V形槽	位置准确,规格、尺寸符合设计要求	位置准确,规格、尺寸符合设计要求	/	100%
		2 预留槽表面处理	清洁、干燥,黏结剂涂刷均匀、平整、不应漏涂,涂料应与混凝土面黏结紧密	清洁、干燥,黏结剂涂刷均匀、平整、无漏涂,涂料与混凝土面黏结紧密	/	100%
		3 砂浆垫层	平整度、宽度符合设计要求;平整度允许偏差±2mm;宽度允许偏差不大于5mm	平整度、宽度符合设计要求	/	100%
		4 柔性填料表面	混凝土表面应平整、密实;无松动混凝土块、无露筋、蜂窝、麻面、起皮、起砂现象	混凝土表面平整、密实;无松动混凝土块、无露筋、蜂窝、麻面、起皮、起砂现象	/	100%

施工单位自评意见	主控项目检验点全部合格,一般项目逐项检验点的合格率均不小于 __90.0__ %,且不合格点不集中分布,各项报验资料 __符合__ SL 632—2012 的要求。 工序质量等级评定为: __优良__ 。 ×××(签字,加盖公章) **2015** 年 **8** 月 **8** 日
监理单位复核意见	经复核,主控项目检验点全部合格,一般项目逐项检验点的合格率均不小于 __90.0__ %,且不合格点不集中分布,各项报验资料 __符合__ SL 632—2012 的要求。 工序质量等级评定为: __优良__ 。 ×××(签字,加盖公章) **2015** 年 **8** 月 **8** 日

表 3.4 趾板混凝土预埋件制作及安装工序施工质量验收评定表

填 表 要 求

填表时必须遵守"填表基本规定",并应符合下列要求。

1. 本表主要包括预埋件制作及安装中止水及伸缩缝设置等内容。

2. 单位工程、分部工程、单元工程名称及部位填写要与表 3 相同。

3. 各检验项目的检验方法及检验数量按表 3-4 的要求执行。

表 3-4　　　　　　趾板混凝土预埋件制作及安装检验

检 验 项 目				检 验 方 法	检 验 数 量
止水片、止水带	止水片(带)连接	铜止水片连(焊)接		观察、量测、工艺试验	每种焊接工艺不少于 3 组
		PVC 止水带		观察、取样检测	
	止水片(带)外观			观察	全数
	基座			观察	不少于 5 个点
	片(带)插入深度			检查、量测	不少于 1 个点
	PVC(或橡胶)垫片			观察、量测	
	制作(成型)	宽度		量测	每 5 延米检测 1 个点
		鼻子或立腿高度			
		中心部分直径			
	安装	中心线与设计		仪器测量	
		两侧平段倾斜			
伸缩缝	柔性料填充			抽样检测	每 50～100m 为一检测段
	无黏性料填充			观察、量测	每 10 延米抽检 1 个断面
	面板接缝顶部预留填塞柔性填料的 V 形槽			观察、量测	每 5 延米测一横断面,每断面不少于 3 个测点
	预留槽表面处理			观察	全数
	砂浆垫层			用 2m 靠尺量测	平整度每 5 延米检测 1 个点;宽度每 5 延米检测 1 个断面
	柔性填料表面			自下而上观察	每 5 延米检测 1 个点

4. 工序施工质量验收评定应提交下列资料。

(1) 施工单位各班(组)初检记录、施工队复检记录、施工单位专职质检员终检记录、工序中各施工质量检验项目的检验资料。

(2) 监理单位对工序中施工质量检验项目的平行检测资料。

5. 工序质量标准。

(1) 合格等级标准。

1) 主控项目,检验结果应全部符合 SL 632—2012 的要求。

2) 一般项目,逐项应有 70% 及以上的检验点合格,且不合格点不应集中分布。

3）各项报验资料应符合 SL 632—2012 的要求。

（2）优良等级标准。

1）主控项目，检验结果应全部符合 SL 632—2012 的要求。

2）一般项目，逐项应有 90％及以上的检验点合格，且不合格点不应集中分布。

3）各项报验资料应符合 SL 632—2012 的要求。

表 3.5   趾板混凝土浇筑工序施工质量验收评定表（样表）

单位工程名称			工序编号				
分部工程名称			施工单位				
单元工程名称、部位			施工日期	年　月　日至		年　月　日	
项次		检验项目	质量要求	检查记录		合格数	合格率
主控项目	1	入仓混凝土料	无不合格料入仓。如有少量不合格料入仓，应及时处理至达到要求				
	2	平仓分层	厚度不大于振捣棒有效长度的90%，铺设均匀，分层清楚，无骨料集中现象				
	3	混凝土振捣	振捣器垂直插入下层5cm，有次序，间距、留振时间合理，无漏振、无超振				
	4	铺筑间歇时间	符合要求，无初凝现象				
	5	浇筑温度（指有温控要求的混凝土）	满足设计要求				
	6	混凝土养护	表面保持湿润；连续养护时间基本满足设计要求				
一般项目	1	砂浆铺筑	厚度宜为2～3cm，均匀平整，无漏铺				
	2	积水和泌水	无外部水流入，泌水排除及时				
	3	插筋、管路等埋设件以及模板的保护	保护好，符合设计要求				
	4	混凝土表面保护	保护时间、保温材料质量符合设计要求				
	5	脱模	脱模时间符合施工技术规范或设计要求				
施工单位自评意见		主控项目检验点全部合格，一般项目逐项检验点的合格率均不小于_____%，且不合格点不集中分布，各项报验资料_____ SL 632—2012 的要求。 　　工序质量等级评定为：_____。 （签字，加盖公章） 年　　月　　日					
监理单位复核意见		经复核，主控项目检验点全部合格，一般项目逐项检验点的合格率均不小于_____%，且不合格点不集中分布，各项报验资料_____ SL 632—2012 的要求。 　　工序质量等级评定为：_____。 （签字，加盖公章） 年　　月　　日					

表 3.5　　　　趾板混凝土浇筑工序施工质量验收评定表（实例）

单位工程名称	×××右坝段		工序编号	YB－MB－ZB－05
分部工程名称	混凝土防渗面板		施工单位	×××省水利水电工程局
单元工程名称、部位	混凝土面板趾板		施工日期	2015 年 8 月 9 日至 2015 年 8 月 9 日

项次		检验项目	质量要求	检查记录	合格数	合格率
主控项目	1	入仓混凝土料	无不合格料入仓。如有少量不合格料入仓，应及时处理至达到要求	无不合格料入仓	/	100%
	2	平仓分层	厚度不大于振捣棒有效长度的 90%，铺设均匀，分层清楚，无骨料集中现象	封 层 厚 度 200mm、205mm，均匀铺设，无骨料集中现象	/	100%
	3	混凝土振捣	振捣器垂直插入下层 5cm，有次序，间距、留振时间合理，无漏振、无超振	无漏振、欠振、过振，振捣器插入下一层 50mm	/	100%
	4	铺筑间歇时间	符合要求，无初凝现象	无初凝现象	/	100%
	5	浇筑温度（指有温控要求的混凝土）	满足设计要求	满足要求	/	100%
	6	混凝土养护	表面保持湿润；连续养护时间基本满足设计要求	7 天脱模，草帘覆盖，洒水养护 14 天	/	100%
一般项目	1	砂浆铺筑	厚度宜为 2～3cm，均匀平整，无漏铺	铺筑厚度为 2.5cm，均匀平整，无漏铺	/	100%
	2	积水和泌水	无外部水流入，泌水排除及时	无外部水流入，无泌水	/	100%
	3	插筋、管路等埋设件以及模板的保护	保护好，符合设计要求	保护良好	/	100%
	4	混凝土表面保护	保护时间、保温材料质量符合设计要求	符合设计要求	/	100%
	5	脱模	脱模时间符合施工技术规范或设计要求	符合实际要求	/	100%

施工单位自评意见	主控项目检验点全部合格，一般项目逐项检验点的合格率均不小于 ＿90.0＿%，且不合格点不集中分布，各项报验资料　符合　SL 632—2012 的要求。 工序质量等级评定为：＿优良＿。 ×××（签字，加盖公章） 2015 年 8 月 9 日
监理单位复核意见	经复核，主控项目检验点全部合格，一般项目逐项检验点的合格率均不小于 ＿90.0＿%，且不合格点不集中分布，各项报验资料　符合　SL 632—2012 的要求。 工序质量等级评定为：＿优良＿。 ×××（签字，加盖公章） 2015 年 8 月 9 日

表 3.5　趾板混凝土浇筑工序施工质量验收评定表
填 表 要 求

填表时必须遵守"填表基本规定",并应符合下列要求。

1. 所选用的混凝土浇筑设备能力应与浇筑强度相适应,确保混凝土施工的连续性。

2. 单位工程、分部工程、单元工程名称及部位填写应与表3相同。

3. 各检验项目的检验方法及检验数量按表3-5的要求执行。

表 3-5　　　　　　　　　　趾板混凝土浇筑检验

检 验 项 目	检 验 方 法	检 验 数 量
入仓混凝土料	观察	不少于入仓总次数的50%
平仓分层	观察、量测	全部
混凝土振捣	在混凝土浇筑过程中全部检查	
铺筑间歇时间	在混凝土浇筑过程中全部检查	
浇筑温度(指有温控要求的混凝土)	温度计测量	
混凝土养护	观察	
砂浆铺筑		
积水和泌水		
插筋、管路等埋设件以及模板的保护	观察、量测	
混凝土表面保护	观察	
脱模	观察或查阅施工记录	不少于脱模总次数的30%

4. 工序施工质量验收评定应提交下列资料。

(1) 施工单位各班(组)初检记录、施工队复检记录、施工单位专职质检员终检记录、工序中各施工质量检验项目的检验资料。

(2) 监理单位对工序中施工质量检验项目的平行检测资料。

5. 工序质量标准。

(1) 合格等级标准。

1) 主控项目,检验结果应全部符合 SL 632—2012 的要求。

2) 一般项目,逐项应有70%及以上的检验点合格,且不合格点不应集中分布。

3) 各项报验资料应符合 SL 632—2012 的要求。

(2) 优良等级标准。

1) 主控项目,检验结果应全部符合 SL 632—2012 的要求。

2) 一般项目,逐项应有90%及以上的检验点合格,且不合格点不应集中分布。

3) 各项报验资料应符合 SL 632—2012 的要求。

表 3.6　　趾板混凝土外观质量检查工序施工质量验收评定表（样表）

单位工程名称			工序编号			
分部工程名称			施工单位			
单元工程名称、部位			施工日期	年　月　日至　年　月　日		
项次		检验项目	质量要求	检查记录	合格数	合格率
主控项目	1	有平整度要求的部位	符合设计及规范要求			
	2	形体尺寸	符合设计要求或允许偏差±20mm			
	3	重要部位缺损	不允许出现缺损			
一般项目	1	表面平整度	每 2m 偏差不大于 8mm			
	2	麻面、蜂窝	麻面、蜂窝累计面积不超过 0.5%。经处理符合设计要求			
	3	孔洞	单个面积不超过 0.01m²，且深度不超过骨料最大粒径。经处理符合设计要求			
	4	错台、跑模、掉角	经处理符合设计要求			
	5	表面裂缝	短小、深度不大于钢筋保护层厚度的表面裂缝经处理符合设计要求			
施工单位自评意见		主控项目检验点全部合格，一般项目逐项检验点的合格率均不小于_____％，且不合格点不集中分布，各项报验资料_____ SL 632—2012 的要求。 工序质量等级评定为：_____。 （签字，加盖公章） 年　　　月　　　日				
监理单位复核意见		经复核，主控项目检验点全部合格，一般项目逐项检验点的合格率均不小于_____％，且不合格点不集中分布，各项报验资料_____ SL 632—2012 的要求。 工序质量等级评定为：_____。 （签字，加盖公章） 年　　　月　　　日				

表 3.6　趾板混凝土外观质量检查工序施工质量验收评定表（实例）

单位工程名称	×××右坝段		工序编号	YB－MB－ZB－06
分部工程名称	混凝土防渗面板		施工单位	×××省水利水电工程局
单元工程名称、部位	混凝土面板趾板		施工日期	2015 年 8 月 10 日至 2015 年 8 月 10 日

项次		检验项目	质量要求	检查记录	合格数	合格率
主控项目	1	有平整度要求的部位	符合设计及规范要求	/	/	/
	2	形体尺寸	符合设计要求或允许偏差 ±20mm	符合设计要求	/	100%
	3	重要部位缺损	不允许出现缺损	无缺损	/	100%
一般项目	1	表面平整度	每 2m 偏差不大于 8mm	实测值为 2mm、1mm、3mm、5mm、4mm、4mm、1mm、3mm、6mm、8mm	10	100%
	2	麻面、蜂窝	麻面、蜂窝累计面积不超过 0.5%。经处理符合设计要求	麻面经处理符合设计要求	/	100%
	3	孔洞	单个面积不超过 0.01m²，且深度不超过骨料最大粒径。经处理符合设计要求	无孔洞	/	100%
	4	错台、跑模、掉角	经处理符合设计要求	无错台、跑模、掉角	/	100%
	5	表面裂缝	短小、深度不大于钢筋保护层厚度的表面裂缝经处理符合设计要求	表面裂缝经处理符合设计要求	/	100%

施工单位自评意见	主控项目检验点全部合格，一般项目逐项检验点的合格率均不小于 __90.0__ %，且不合格点不集中分布，各项报验资料 __符合__ SL 632—2012 的要求。 　　工序质量等级评定为：__优良__。 　　　　　　　　　　　　　　　　　　　×××（签字，加盖公章） 　　　　　　　　　　　　　　　　　　　2015 年 8 月 10 日
监理单位复核意见	经复核，主控项目检验点全部合格，一般项目逐项检验点的合格率均不小于 __90.0__ %，且不合格点不集中分布，各项报验资料 __符合__ SL 632—2012 的要求。 　　工序质量等级评定为：__优良__。 　　　　　　　　　　　　　　　　　　　×××（签字，加盖公章） 　　　　　　　　　　　　　　　　　　　2015 年 8 月 10 日

表3.6 趾板混凝土外观质量检查工序施工质量验收评定表
填 表 要 求

填表时必须遵守"填表基本规定",并应符合下列要求。

1. 混凝土拆模后,应检查其外观质量。当发生混凝土裂缝、冷缝、蜂窝、麻面、错台和变形等质量问题时,应及时处理,并做好记录。

2. 混凝土外观质量评定可在拆模后或消除缺陷处理后进行。

3. 单位工程、分部工程、单元工程名称及部位填写应与表3相同。

4. 各检验项目的检验方法及检验数量按表3-6的要求执行。

表3-6　　　　　　　　　　　　趾板混凝土外观质量检验

检 验 项 目	检 验 方 法	检 验 数 量
有平整度要求的部位	用2m靠尺或专用工具检查	100m² 及以上的表面检查6~10个点;100m² 以下的表面检查3~5个点
形体尺寸	钢尺测量	抽查15%
重要部位缺损	观察、仪器检测	全部
表面平整度	用2m靠尺或专用工具检查	100m² 及以上的表面检查6~10个点;100m² 以下的表面检查3~5个点
麻面、蜂窝	观察	全部
孔洞	观察、量测	
错台、跑模、掉角		
表面裂缝		

5. 工序施工质量验收评定应提交下列资料。

(1) 施工单位各班(组)初检记录、施工队复检记录、施工单位专职质检员终检记录、工序中各施工质量检验项目的检验资料。

(2) 监理单位对工序中施工质量检验项目的平行检测资料。

6. 工序质量标准。

(1) 合格等级标准。

1) 主控项目,检验结果应全部符合 SL 632—2012 的要求。

2) 一般项目,逐项应有70%及以上的检验点合格,且不合格点不应集中分布。

3) 各项报验资料应符合 SL 632—2012 的要求。

(2) 优良等级标准。

1) 主控项目,检验结果应全部符合 SL 632—2012 的要求。

2) 一般项目,逐项应有90%及以上的检验点合格,且不合格点不应集中分布。

3) 各项报验资料应符合 SL 632—2012 的要求。

_____工程

表 4　　　　混凝土面板单元工程施工质量验收评定表（样表）

单位工程名称		单元工程量	
分部工程名称		施工单位	
单元工程名称、部位		施工日期	年　月　日至　　年　月　日

项次	工序名称（或编号）	工序质量验收评定等级
1	基面清理	
2	模板制作及安装	
3	△钢筋制作及安装	
4	预埋件制作及安装	
5	△混凝土浇筑（含养护）	
6	混凝土外观质量	

施工单位自评意见	各工序施工质量全部合格，其中优良工序占_____%，且主要工序达到_____等级，单元工程试块质量检验合格，各项报验资料_____ SL 632—2012 的要求。 单元工程质量等级评定为：_____。 （签字，加盖公章） 年　　月　　日
监理单位复核意见	经抽查并查验相关检验报告和检验资料，各工序施工质量全部合格，其中优良工序占_____%，且主要工序达到_____等级，单元工程试块质量检验合格，各项报验资料_____ SL 632—2012 的要求。 单元工程质量等级评定为：_____。 （签字，加盖公章） 年　　月　　日

注：本表所填"单元工程量"不作为施工单位工程量结算计量的依据。

___×××土石坝___ 工程

表 4   **混凝土面板单元工程施工质量验收评定表（实例）**

单位工程名称	×××右坝段	单元工程量	500m³
分部工程名称	混凝土防渗面板	施工单位	×××省水利水电工程局
单元工程名称、部位	混凝土面板	施工日期	2015 年 8 月 15 日至 2015 年 8 月 25 日

项次	工序名称（或编号）	工序质量验收评定等级
1	基面清理	优良
2	模板制作及安装	优良
3	△钢筋制作及安装	优良
4	预埋件制作及安装	优良
5	△混凝土浇筑（含养护）	优良
6	混凝土外观质量	优良
施工单位自评意见	各工序施工质量全部合格，其中优良工序占___100___％，且主要工序达到 ___优良___ 等级，单元工程试块质量检验合格，各项报验资料___符合___ SL 632—2012 的要求。 　　单元工程质量等级评定为：___优良___。 　　　　　　　　　　　　　　　　×××（签字，加盖公章） 　　　　　　　　　　　　　　　　2015 年 8 月 28 日	
监理单位复核意见	经抽查并查验相关检验报告和检验资料，各工序施工质量全部合格，其中优良工序占___100___％，且主要工序达到 ___优良___ 等级，单元工程试块质量检验合格，各项报验资料___符合___ SL 632—2012 的要求。 　　单元工程质量等级评定为：___优良___。 　　　　　　　　　　　　　　　　×××（签字，加盖公章） 　　　　　　　　　　　　　　　　2015 年 8 月 28 日	

注：本表所填"单元工程量"不作为施工单位工程量结算计量的依据。

表 4　混凝土面板单元工程施工质量验收评定表

填　表　要　求

填表时必须遵守"填表基本规定"，并应符合下列要求。

1. 本表适用于混凝土面板堆石坝（含砂砾石填筑的坝）中面板混凝土施工质量的验收评定。

2. 单元工程划分：宜以每块面板划分为一个单元工程。

3. 对进场使用的水泥、钢筋、掺和料、外加剂、止水片（带）等原材料质量应按有关规范要求进行全面检验，检验结果应满足相关产品标准。不同批次原材料在工程中的使用部位应有记录，并填写原材料及中间产品备查表（混凝土单元工程原材料检验备查表、混凝土单元工程骨料检验备查表、混凝土拌和物性能检验备查表、硬化混凝土性能检验备查表）。混凝土中间产品质量应符合 SL 632—2012 附录 C 规定。

4. 单元工程量填写本单元工程混凝土浇筑量（m³）。

5. 单元工程分为基面清理、模板制作及安装、钢筋制作及安装、预埋件制作及安装、混凝土浇筑（含养护）及混凝土外观质量检查 6 个工序，其中钢筋制作及安装、混凝土浇筑（含养护）工序为主要工序，用△标注。本表是在表 4.1～表 4.6 工序施工质量验收评定合格的基础上进行。

6. 单元工程施工质量验收评定应提交下列资料。

（1）施工单位应提交单元工程中所含工序（或检验项目）验收评定的检验资料，原材料、拌和物与各项实体检验项目的检验记录资料。

（2）监理单位应提交对单元工程施工质量的平行检测资料。

7. 单元工程质量标准。

（1）合格等级标准。各工序施工质量验收评定应全部合格；各项报验资料应符合 SL 632—2012 的要求。

（2）优良等级标准。各工序施工质量验收评定应全部合格，其中优良工序应达到 50％及以上，且主要工序应达到优良等级；各项报验资料应符合 SL 632—2012 的要求。

表 4.1 　混凝土面板基面清理工序施工质量验收评定表（样表）

单位工程名称			工序编号			
分部工程名称			施工单位			
单元工程名称、部位			施工日期	年　月　日至　年　月　日		
项次	检验项目	质量要求	检查记录		合格数	合格率
主控项目	1	垫层坡面	符合设计要求；预留保护层已挖除，坡面保护完成			
	2	地表水和地下水	妥善引排或封堵			
一般项目	1	基础清理	符合设计要求；清洗洁净、无积水、无积渣杂物			
	2	混凝土基础面	洁净、无乳皮、表面成毛面；无积水；无积渣杂物			
施工单位自评意见	主控项目检验点全部合格，一般项目逐项检验点的合格率均不小于_____％，且不合格点不集中分布，各项报验资料_____ SL 632—2012 的要求。 工序质量等级评定为：_____。 （签字，加盖公章） 年　　月　　日					
监理单位复核意见	经复核，主控项目检验点全部合格，一般项目逐项检验点的合格率均不小于_____％，且不合格点不集中分布，各项报验资料_____ SL 632—2012 的要求。 工序质量等级评定为：_____。 （签字，加盖公章） 年　　月　　日					

×××土石坝 工程

表 4.1　混凝土面板基面清理工序施工质量验收评定表（实例）

单位工程名称		×××右坝段	工序编号		YB－FS－MB－01		
分部工程名称		混凝土防渗面板	施工单位		×××省水利水电工程局		
单元工程名称、部位		混凝土面板	施工日期		2015 年 8 月 15 日至 2015 年 8 月 15 日		
项次		检验项目	质量要求	检查记录		合格数	合格率
主控项目	1	垫层坡面	符合设计要求；预留保护层已挖除，坡面保护完成	预留保护层已挖除，坡面保护完成		／	100%
	2	地表水和地下水	妥善引排或封堵	地表水已妥善引排		／	100%
一般项目	1	基础清理	符合设计要求；清洗洁净、无积水、无积渣杂物	基础已清洗洁净、无积水、无积渣杂物		／	100%
	2	混凝土基础面	洁净、无乳皮、表面成毛面；无积水；无积渣杂物	基础面洁净、无乳皮、表面成毛面；无积水；无积渣杂物		／	100%
施工单位自评意见	主控项目检验点全部合格，一般项目逐项检验点的合格率均不小于 __90.0__ ％，且不合格点不集中分布，各项报验资料 __符合__ SL 632—2012 的要求。 　　工序质量等级评定为：__优良__。 　　　　　　　　　　　　　　　　　　　　×××（签字，加盖公章） 　　　　　　　　　　　　　　　　　　　　2015 年 8 月 15 日						
监理单位复核意见	经复核，主控项目检验点全部合格，一般项目逐项检验点的合格率均不小于 __90.0__ ％，且不合格点不集中分布，各项报验资料 __符合__ SL 632—2012 的要求。 　　工序质量等级评定为：__优良__。 　　　　　　　　　　　　　　　　　　　　×××（签字，加盖公章） 　　　　　　　　　　　　　　　　　　　　2015 年 8 月 15 日						

表 4.1 混凝土面板基面清理工序施工质量验收评定表

填 表 要 求

填表时必须遵守"填表基本规定",并应符合下列要求。

1. 本表适用于混凝土面板堆石坝(含砂砾石填筑的坝)中面板混凝土施工质量的验收评定。

2. 单位工程、分部工程、单元工程名称及部位填写应与表 4 相同。

3. 各检验项目的检验方法及检验数量按表 4-1 的要求执行。

表 4-1   混凝土面板基面清理检验

检 验 项 目	检 验 方 法	检 验 数 量
垫层坡面	观察、查阅设计图纸	全数
地表水和地下水	观察	
基础清理	观察、查阅测量面图	
混凝土基础面	观察	

4. 工序施工质量验收评定应提交下列资料。

(1) 施工单位各班(组)初检记录、施工队复检记录、施工单位专职质检员终检记录、工序中各施工质量检验项目的检验资料。

(2) 监理单位对工序中施工质量检验项目的平行检测资料。

5. 工序质量标准。

(1) 合格等级标准。

1) 主控项目,检验结果应全部符合 SL 632—2012 的要求。

2) 一般项目,逐项应有 70% 及以上的检验点合格,且不合格点不应集中分布。

3) 各项报验资料应符合 SL 632—2012 的要求。

(2) 优良等级标准。

1) 主控项目,检验结果应全部符合 SL 632—2012 的要求。

2) 一般项目,逐项应有 90% 及以上的检验点合格,且不合格点不应集中分布。

3) 各项报验资料应符合 SL 632—2012 的要求。

表 4.2 混凝土面板滑模制作及安装工序施工质量验收评定表（样表）

单位工程名称			工序编号				
分部工程名称			施工单位				
单元工程名称、部位			施工日期	年　月　日至		年　月　日	
项次	检验项目		质量要求	检查记录		合格数	合格率
主控项目	1	滑模结构及其牵引系统	应牢固可靠，便于施工，并应设有安全装置				
	2	模板及其支架	满足设计稳定性、刚度和强度要求				
一般项目	1	模板表面	处理干净，无任何附着物，表面光滑				
	2	脱模剂	涂抹均匀				
	3	滑模制作及安装　外形尺寸	允许偏差±10mm				
	4	对角线长度	允许偏差±6mm				
	5	扭曲	允许偏差4mm				
	6	表面局部不平度	允许偏差3mm				
	7	滚轮及滑道间距	允许偏差±10mm				
	8	滑模轨道制作及安装　轨道安装高程	允许偏差±5mm				
	9	轨道安装中心线	允许偏差±10mm				
	10	轨道接头处轨面错位	允许偏差2mm				
施工单位自评意见	主控项目检验点全部合格，一般项目逐项检验点的合格率均不小于_____％，且不合格点不集中分布，各项报验资料_____ SL 632—2012 的要求。 　　工序质量等级评定为：_____。 （签字，加盖公章） 年　月　日						
监理单位复核意见	经复核，主控项目检验点全部合格，一般项目逐项检验点的合格率均不小于_____％，且不合格点不集中分布，各项报验资料_____ SL 632—2012 的要求。 　　工序质量等级评定为：_____。 （签字，加盖公章） 年　月　日						

×××土石坝 工程

表 4.2 混凝土面板滑模制作及安装工序施工质量验收评定表（实例）

单位工程名称		×××右坝段		工序编号		YB‑FS‑MB‑02		
分部工程名称		混凝土防渗面板		施工单位		×××省水利水电工程局		
单元工程名称、部位		混凝土面板		施工日期		2015 年 8 月 16 日至 2015 年 8 月 17 日		

项次		检验项目		质量要求	检查记录	合格数	合格率
主控项目	1	滑模结构及其牵引系统		应牢固可靠，便于施工，并应设有安全装置	滑模牢固可靠，便于施工，且设有安全装置	/	100%
	2	模板及其支架		满足设计稳定性、刚度和强度要求	查试验报告，满足设计稳定性、刚度和强度要求	/	100%
一般项目	1	滑模制作及安装	模板表面	处理干净，无任何附着物，表面光滑	模板表面处理干净，无任何附着物，表面光滑	/	100%
	2		脱模剂	涂抹均匀	脱模剂涂抹均匀	/	100%
	3		外形尺寸	允许偏差±10mm	长：偏差实测值为 5mm、5mm、6mm、8mm、8mm；宽：偏差实测值为 6mm、8mm、8mm、6mm、7mm；高：偏差实测值为 3mm、5mm、5mm、8mm、5mm	15	100%
	4		对角线长度	允许偏差±6mm	偏差实测值为 3mm、3mm、2mm、4mm、5mm、5mm	6	100%
	5		扭曲	允许偏差 4mm	偏差实测值为 1.0～3.6mm，共 20 个点	20	100%
	6		表面局部不平度	允许偏差 3mm	偏差实测值为 0.8～3.2mm，共 20 个点	19	95%
	7		滚轮及滑道间距	允许偏差±10mm	偏差实测值为 6mm、8mm、8mm、2mm、5mm	5	100%
	8	滑模轨道制作及安装	轨道安装高程	允许偏差±5mm	偏差实测值为 -5.4～5.3mm，共 20 点	18	90%
	9		轨道安装中心线	允许偏差±10mm	偏差实测值为 -4.2～7.6mm，共 20 点	20	100%
	10		轨道接头处轨面错位	允许偏差 2mm	偏差实测值为 2mm、2mm、1mm、2mm、1mm、1.5mm	6	100%
施工单位自评意见		主控项目检验点全部合格，一般项目逐项检验点的合格率均不小于 __90.0__ %，且不合格点不集中分布，各项报验资料 __符合__ SL 632—2012 的要求。 工序质量等级评定为：__优良__ 。 ×××（签字，加盖公章） 2015 年 8 月 17 日						
监理单位复核意见		经复核，主控项目检验点全部合格，一般项目逐项检验点的合格率均不小于 __90.0__ %，且不合格点不集中分布，各项报验资料 __符合__ SL 632—2012 的要求。 工序质量等级评定为：__优良__ 。 ×××（签字，加盖公章） 2015 年 8 月 17 日						

表 4.2　混凝土面板滑模制作及安装工序施工质量验收评定表

填 表 要 求

填表时必须遵守"填表基本规定"，并应符合下列要求。

1. 本表适用于混凝土模板滑模制作及安装、滑模轨道安装工序的施工质量评定。

2. 单位工程、分部工程、单元工程名称及部位填写要与表4相同。

3. 各检验项目的检验方法及检验数量按表4-2的要求执行。

表 4-2 　　　　　　　　混凝土面板滑模制作及安装检验

检 验 项 目		检 验 方 法	检 验 数 量
滑模结构及其牵引系统		观察、试运行	全数
模板及其支架		观察、查阅设计文件	
模板表面		观察	
脱模剂			
滑模制作及安装	外形尺寸	量测	每100m² 不少于 8 个点
	对角线长度		每100m² 不少于 4 个点
	扭曲	挂线检查	每100m² 不少于 16 个点
	表面局部不平度	用 2m 靠尺量测	每100m² 不少于 20 个点
	滚轮及滑道间距		每100m² 不少于 4 个点
滑模轨道制作及安装	轨道安装高程	量测	每10 延米各测 1 个点，总检验点不少于 20 个点
	轨道安装中心线		
	轨道接头处轨面错位		每处接头检测 2 个点

4. 工序施工质量验收评定应提交下列资料。

（1）施工单位各班（组）初检记录、施工队复检记录、施工单位专职质检员终检记录、工序中各施工质量检验项目的检验资料。

（2）监理单位对工序中施工质量检验项目的平行检测资料。

5. 工序质量标准。

（1）合格等级标准。

1）主控项目，检验结果应全部符合 SL 632—2012 的要求。

2）一般项目，逐项应有 70％及以上的检验点合格，且不合格点不应集中分布。

3）各项报验资料应符合 SL 632—2012 的要求。

（2）优良等级标准。

1）主控项目，检验结果应全部符合 SL 632—2012 的要求。

2）一般项目，逐项应有 90％及以上的检验点合格，且不合格点不应集中分布。

3）各项报验资料应符合 SL 632—2012 的要求。

表 4.3 混凝土面板钢筋制作及安装工序施工质量验收评定表（样表）

单位工程名称			工序编号				
分部工程名称			施工单位				
单元工程名称、部位			施工日期	年　月　日至		年　月　日	
项次		检验项目	质量要求	检查记录		合格数	合格率
主控项目	1	钢筋的数量、规格尺寸、安装位置	符合质量标准和设计的要求				
	2	钢筋接头的力学性能	符合规范要求和国家及行业有关规定				
	3	焊接接头和焊缝外观	不允许有裂缝、脱焊点、漏焊点，表面平顺，没有明显的咬边、凹陷、气孔等，钢筋不应有明显烧伤				
	4 钢筋连接	电弧焊 帮条对焊接头中心	纵向偏移差不大于 0.5d				
		接头处钢筋轴线的曲折	≤4°				
		焊缝 长度	允许偏差 −0.5d				
		宽度	允许偏差 −0.1d				
		高度	允许偏差 −0.05d				
		表面气孔夹渣	在 2d 长度上数量不多于 2 个；气孔、夹渣的直径不大于 3mm				
	对焊及熔槽焊	焊接接头根部未焊透深度 ϕ25～40 钢筋	≤0.15d				
		ϕ40～70 钢筋	≤0.10d				
		接头处钢筋中心线的位移	0.10d 且不大于 2mm				
		蜂窝、气孔、非金属杂质	焊缝表面（长为 2d）和焊缝截面上不多于 3 个，且每个直径不大于 1.5mm				
	绑扎连接	缺扣、松扣	≤20%，且不集中				
		弯钩朝向正确	符合设计图纸				
		搭接长度	允许偏差 −0.05 设计值				

92

项次	检验项目			质量要求	检查记录	合格数	合格率
主控项目	4	钢筋连接	机械连接	带肋钢筋冷挤压连接接头	压痕处套筒外形尺寸	挤压后套筒长度应为原套筒长度的1.10～1.15倍，或压痕处套筒的外径波动范围为0.8～0.9的原套筒外径			
					挤压道次	符合型式检验结果			
					接头弯折	≤4°			
					裂缝检查	挤压后肉眼观察无裂缝			
				直(锥)螺纹连接接头	丝头外观质量	保护良好，无锈蚀和油污，牙形饱满光滑			
					套头外观质量	无裂纹或其他肉眼可见缺陷			
					外露丝扣	无1扣以上完整丝扣外露			
					螺纹匹配	丝头螺纹与套筒螺纹满足连接要求，螺纹结合紧密，无明显松动，以及相应处理方法得当			
	5	钢筋间距				无明显过大过小的现象			
	6	保护层厚度				允许偏差±1/4净保护层厚度			
一般项目	1	钢筋长度方向				允许偏差±1/2净保护层厚度			
	2	同一排受力钢筋间距		排架、柱、梁		允许偏差±0.5d			
				板、墙		允许偏差±0.1间距			
	3	双排钢筋，其排与排间距				允许偏差±0.1排距			
	4	梁与柱中箍筋间距				允许偏差±0.1箍筋间距			

施工单位自评意见	主控项目检验点全部合格，一般项目逐项检验点的合格率均不小于_____％，且不合格点不集中分布，各项报验资料_____ SL 632—2012 的要求。 工序质量等级评定为：_____。 （签字，加盖公章） 年　　月　　日
监理单位复核意见	经复核，主控项目检验点全部合格，一般项目逐项检验点的合格率均不小于_____％，且不合格点不集中分布，各项报验资料_____ SL 632—2012 的要求。 工序质量等级评定为：_____。 （签字，加盖公章） 年　　月　　日

表 4.3　混凝土面板钢筋制作及安装工序施工质量验收评定表（实例）

单位工程名称	×××右坝段	工序编号	YB－FS－MB－03
分部工程名称	混凝土防渗面板	施工单位	×××省水利水电工程局
单元工程名称、部位	混凝土面板	施工日期	2015 年 8 月 18 日至 2015 年 8 月 19 日

项次	检验项目			质量要求	检查记录	合格数	合格率
	1	钢筋的数量、规格尺寸、安装位置		符合质量标准和设计的要求	查产品质检资料及设计图纸，钢筋的数量、规格尺寸、安装位置符合要求	/	100%
	2	钢筋接头的力学性能		符合规范要求和国家及行业有关规定	查试验报告，钢筋接头力学性能符合要求	/	100%
主控项目	3	焊接接头和焊缝外观		不允许有裂缝、脱焊点、漏焊点，表面平顺，没有明显的咬边、凹陷、气孔等，钢筋不应有明显烧伤	对现场钢筋焊接接头和焊缝外观检查 10 点，无裂缝、脱焊点、漏焊点出现，表面平顺，没有明显的咬边、凹陷、气孔等，钢筋无明显烧伤	10	100%
	4	钢筋连接	电弧焊 帮条对焊接头中心	纵向偏移差不大于 0.5d	/	/	/
			接头处钢筋轴线的曲折	≤4°	实测值为 1°、3°、2°、4°、2°、3°、1°、2°、4°、2°	10	100%
			焊缝 长度	允许偏差 －0.5d	/	/	/
			焊缝 宽度	允许偏差 －0.1d	/	/	/
			焊缝 高度	允许偏差 －0.05d	/	/	/
			焊缝 表面气孔夹渣	在 2d 长度上数量不多于 2 个；气孔、夹渣的直径不大于 3mm	/	/	/
		对焊及熔槽焊	焊接接头根部未焊透深度 ϕ25～40 钢筋	≤0.15d	/	/	/
			焊接接头根部未焊透深度 ϕ40～70 钢筋	≤0.10d	/	/	/
			接头处钢筋中心线的位移	0.10d 且不大于 2mm	/	/	/
			蜂窝、气孔、非金属杂质	焊缝表面（长为 2d）和焊缝截面上不多于 3 个，且每个直径不大于 1.5mm	/	/	/
		绑扎连接	缺扣、松扣	≤20%，且不集中	/	/	/
			弯钩朝向正确	符合设计图纸	/	/	/
			搭接长度	允许偏差 －0.05 设计值	/	/	/

続表

項次	檢驗項目			質量要求	檢查記錄	合格數	合格率
主控項目	4	鋼筋連接	機械連接	帶肋鋼筋冷擠壓連接接頭	壓痕處套筒外形尺寸	擠壓後套筒長度應為原套筒長度的 1.10～1.15 倍，或壓痕處套筒的外徑波動範圍為 0.8～0.9 的原套筒外徑	/	/	/
					擠壓道次	符合型式檢驗結果	/	/	/
					接頭彎折	≤4°	/	/	/
					裂縫檢查	擠壓後肉眼觀察無裂縫	/	/	/
			直（錐）螺紋連接接頭		絲頭外觀質量	保護良好，無銹蝕和油污，牙形飽滿光滑	/	/	/
					套筒外觀質量	無裂紋或其他肉眼可見缺陷	/	/	/
					外露絲扣	無 1 扣以上完整絲扣外露	/	/	/
					螺紋匹配	絲頭螺紋與套筒螺紋滿足連接要求，螺紋結合緊密，無明顯鬆動，以及相應處理方法得當	/	/	/
	5	鋼筋間距				無明顯過大過小的現象	共檢查 10 個點，鋼筋間距無明顯過大過小現象	10	100%
	6	保護層厚度				允許偏差±1/4 淨保護層厚度	保護層厚度設計值為 24mm，偏差實測值為－2mm、2mm、－4mm、0mm、－3mm、－1mm、0mm、－1mm、2mm、1mm	10	100%
一般項目	1	鋼筋長度方向				允許偏差±1/2 淨保護層厚度	保護層厚度設計值為 24mm，偏差實測值為 10mm、5mm、8mm、9mm、6mm	5	100%
	2	同一排受力鋼筋間距	排架、柱、梁			允許偏差±0.5d	/	/	/
			板、墻			允許偏差±0.1 間距	鋼筋間距設計值為 110mm，偏差實測值為－5mm、－8mm、2mm、－6mm、－2mm	5	100%
	3	雙排鋼筋，其排與排間距				允許偏差±0.1 排距	鋼筋間距設計值 100mm，偏差實測值為－4mm、－5mm、－5mm、－2mm、－4mm	5	100%
	4	梁與柱中箍筋間距				允許偏差±0.1 箍筋間距	/	/	/

施工單位自評意見：主控項目檢驗點全部合格，一般項目逐項檢驗點的合格率均不小於 __90.0__ %，且不合格點不集中分布，各項報驗資料 __符合__ SL 632—2012 的要求。
工序質量等級評定為：__優良__。

×××（簽字，加蓋公章）
2015 年 8 月 19 日

監理單位復核意見：經復核，主控項目檢驗點全部合格，一般項目逐項檢驗點的合格率均不小於 __90.0__ %，且不合格點不集中分布，各項報驗資料 __符合__ SL 632—2012 的要求。
工序質量等級評定為：__優良__。

×××（簽字，加蓋公章）
2015 年 8 月 19 日

95

表 4.3 混凝土面板钢筋制作及安装工序施工质量验收评定表

填 表 要 求

填表时必须遵守"填表基本规定",并应符合下列要求。

1. 钢筋进场时应逐批(炉号)进行检验,应查验产品合格证、出厂检验报告和外观质量并记录,并按相关规定抽取试样进行力学性能检验,不符合标准规定的不应使用。

2. 单位工程、分部工程、单元工程名称及部位填写应与表 4 相同。

3. 各检验项目的检验方法及检验数量按表 4-3 的要求执行。

表 4-3　　　　　　　　　混凝土面板钢筋制作及安装检验

<table>
<tr><th colspan="4">检 验 项 目</th><th>检 验 方 法</th><th>检 验 数 量</th></tr>
<tr><td colspan="4">钢筋的数量、规格尺寸、安装位置</td><td>对照设计文件检查</td><td>全数</td></tr>
<tr><td colspan="4">钢筋接头的力学性能</td><td>对照仓号在结构上取样测试</td><td>焊接 200 个接头检测 1 组,机械连接 500 个接头检测 1 组</td></tr>
<tr><td colspan="4">焊接接头和焊缝外观</td><td>观察并记录</td><td>不少于 10 个点</td></tr>
<tr><td rowspan="20">钢筋连接</td><td rowspan="6">电弧焊</td><td colspan="2">帮条对焊接头中心</td><td rowspan="11">观察、量测</td><td rowspan="14">每项不少于 10 个点</td></tr>
<tr><td colspan="2">接头处钢筋轴线的曲折</td></tr>
<tr><td rowspan="4">焊缝</td><td>长度</td></tr>
<tr><td>宽度</td></tr>
<tr><td>高度</td></tr>
<tr><td>表面气孔夹渣</td></tr>
<tr><td rowspan="3">对焊及熔槽焊</td><td rowspan="2">焊接接头根部未焊透深度</td><td>$\phi 25\sim40$ 钢筋</td></tr>
<tr><td>$\phi 40\sim70$ 钢筋</td></tr>
<tr><td colspan="2">接头处钢筋中心线的位移</td></tr>
<tr><td rowspan="3">绑扎连接</td><td colspan="2">蜂窝、气孔、非金属杂质</td></tr>
<tr><td colspan="2">缺扣、松扣</td></tr>
<tr><td colspan="2">弯钩朝向正确</td><td>观察</td></tr>
<tr><td colspan="2">搭接长度</td><td>量测</td></tr>
<tr><td rowspan="8">机械连接</td><td rowspan="4">带肋钢筋冷挤压连接接头</td><td>压痕处套筒外形尺寸</td><td rowspan="8">观察、量测</td></tr>
<tr><td>挤压道次</td></tr>
<tr><td>接头弯折</td></tr>
<tr><td>裂缝检查</td></tr>
<tr><td rowspan="4">直(锥)螺纹连接接头</td><td>丝头外观质量</td></tr>
<tr><td>套头外观质量</td></tr>
<tr><td>外露丝扣</td></tr>
<tr><td>螺纹匹配</td></tr>
</table>

检 验 项 目		检验方法	检验数量
钢筋间距		观察、量测	每项不少于 10 个点
保护层厚度			每项不少于 5 个点
钢筋长度方向			
同一排受力钢筋间距	排架、柱、梁		
	板、墙		
双排钢筋，其排与排间距			
梁与柱中箍筋间距			每项不少于 10 个点

4. 工序施工质量验收评定应提交下列资料。

（1）施工单位各班（组）初检记录、施工队复检记录、施工单位专职质检员终检记录、工序中各施工质量检验项目的检验资料。

（2）监理单位对工序中施工质量检验项目的平行检测资料。

5. 工序质量标准。

（1）合格等级标准。

1）主控项目，检验结果应全部符合 SL 632—2012 的要求。

2）一般项目，逐项应有 70％及以上的检验点合格，且不合格点不应集中分布。

3）各项报验资料应符合 SL 632—2012 的要求。

（2）优良等级标准。

1）主控项目，检验结果应全部符合 SL 632—2012 的要求。

2）一般项目，逐项应有 90％及以上的检验点合格，且不合格点不应集中分布。

3）各项报验资料应符合 SL 632—2012 的要求。

表4.4 混凝土面板预埋件制作及安装工序施工质量验收评定表（样表）

单位工程名称				工序编号			
分部工程名称				施工单位			
单元工程名称、部位				施工日期	年 月 日至	年 月 日	
项次		检验项目	质量要求	检查记录		合格数	合格率
止水片、止水带	主控项目	1 止水片（带）连接	铜止水片连（焊）接表面光滑、无孔洞、无裂缝；对缝焊应为单面双层焊接；搭接焊应为双面焊接，搭接长度应大于20mm。拼接处的抗拉强度不小于母材强度				
			PVC止水带采用热黏结或热焊接，搭接长度不小于150mm；橡胶止水带硫化连接牢固。接头内不应有气泡、夹渣或渗水。拼接处的抗拉强度不小于母材强度				
		2 止水片（带）外观	表面浮皮、锈污、油漆、油渍等清除干净；止水片（带）无变形、变位				
		3 基座	符合设计要求（按基础面要求验收合格）				
		4 片（带）插入深度	符合设计要求				
	一般项目	1 PVC（或橡胶）垫片	平铺或粘贴在砂浆垫（或沥青垫）上，中心线应与缝中心线重合；允许偏差±5mm				
		2 制作（成型） 宽度	铜止水允许偏差±5mm；PVC或橡胶止水带允许偏差±5mm				
		鼻子或立腿高度	铜止水允许偏差±2mm				
		中心部分直径	PVC或橡胶止水带允许偏差±2mm				
		3 安装 中心线与设计	铜止水允许偏差±5mm；PVC或橡胶止水带允许偏差±5mm				
		两侧平段倾斜	铜止水允许偏差±5mm；PVC或橡胶止水带允许偏差±10mm				

项次		检验项目	质量要求	检查记录	合格数	合格率
伸缩缝	主控项目	1 柔性料填充	满足设计断面要求，边缘允许偏差±10mm；面膜按设计结构设置，与混凝土面应黏结紧密，锚压牢固，形成密封腔			
		2 无黏性料填充	填料填塞密实，保护罩的外形尺寸符合设计要求，安装锚固用的角钢、膨胀螺栓规格、间距符合设计要求，并经防腐处理。位置偏差不大于30mm；螺栓孔距允许偏差不大于50mm；螺栓孔深允许偏差不大于5mm			
	一般项目	1 面板接缝顶部预留填塞柔性填料的V形槽	位置准确，规格、尺寸符合设计要求			
		2 预留槽表面处理	清洁、干燥，黏结剂涂刷均匀、平整、不应漏涂，涂料应与混凝土面黏结紧密			
		3 砂浆垫层	平整、宽度符合设计要求；平整度允许偏差±2mm；宽度允许偏差不大于5mm			
		4 柔性填料表面	混凝土表面应平整、密实；无松动混凝土块、无露筋、蜂窝、麻面、起皮、起砂现象			

施工单位自评意见	主控项目检验点全部合格，一般项目逐项检验点的合格率均不小于_____%，且不合格点不集中分布，各项报验资料_____ SL 632—2012的要求。 　　工序质量等级评定为：_____。 （签字，加盖公章） 年　　月　　日
监理单位复核意见	经复核，主控项目检验点全部合格，一般项目逐项检验点的合格率均不小于_____%，且不合格点不集中分布，各项报验资料_____ SL 632—2012的要求。 　　工序质量等级评定为：_____。 （签字，加盖公章） 年　　月　　日

表4.4 混凝土面板预埋件制作及安装工序施工质量验收评定表（实例）

单位工程名称	×××右坝段	工序编号	YB-FS-MB-04
分部工程名称	混凝土防渗面板	施工单位	×××省水利水电工程局
单元工程名称、部位	混凝土面板	施工日期	2015年8月20日至2015年8月21日

项次		检验项目		质量要求	检查记录	合格数	合格率
主控项目	1	止水片（带）连接		铜止水片连（焊）接表面光滑、无孔洞、无裂缝；对缝焊应为单面双层焊接；搭接焊应为双面焊接，搭接长度应大于20mm。拼接处的抗拉强度不小于母材强度	/	/	/
				PVC止水带采用热黏结或热焊接，搭接长度不小于150mm；橡胶止水带硫化连接牢固。接头内不应有气泡、夹渣或渗水。拼接处的抗拉强度不小于母材强度	橡胶止水带硫化连接牢固。接头内没有气泡、夹渣或渗水。拼接处的抗拉强度不小于母材强度	/	100%
	2	止水片（带）外观		表面浮皮、锈污、油漆、油渍等清除干净；止水片（带）无变形、变位	表面浮皮、锈污、油漆、油渍等清除干净；止水片（带）无变形、变位	/	100%
	3	基座		符合设计要求（按基础面要求验收合格）	基座符合设计要求	/	100%
	4	片（带）插入深度		符合设计要求	插入深度符合设计要求	/	100%
一般项目	1	PVC（或橡胶）垫片		平铺或粘贴在砂浆垫（或沥青垫）上，中心线应与缝中心线重合；允许偏差±5mm	橡胶垫片平铺在砂浆垫上，中心线与缝中心偏差为3mm、3mm、4mm、5mm、5mm	5	100%
	2	制作（成型）	宽度	铜止水允许偏差±5mm；PVC或橡胶止水带允许偏差±5mm	/	/	/
			鼻子或立腿高度	铜止水允许偏差±2mm	/	/	/
			中心部分直径	PVC或橡胶止水带允许偏差±2mm	偏差实测值为2mm、1mm、2mm、1mm、1mm	5	100%
	3	安装	中心线与设计	铜止水允许偏差±5mm；PVC或橡胶止水带允许偏差±5mm	/	/	/
			两侧平段倾斜	铜止水允许偏差±5mm；PVC或橡胶止水带允许偏差±10mm	/	/	/

（左侧竖列：止水片、止水带）

100

项次		检验项目	质量要求	检查记录	合格数	合格率
伸缩缝	主控项目	1 柔性料填充	满足设计断面要求,边缘允许偏差±10mm;面膜按设计结构设置,与混凝土面应黏结紧密,锚压牢固,形成密封腔	满足设计断面要求,边缘允许偏差5mm、6mm、6mm、5mm、4mm;面膜按设计结构设置,与混凝土面应黏结紧密,锚压牢固,形成密封腔	5	100%
		2 无黏性料填充	填料填塞密实,保护罩的外形尺寸符合设计要求,安装锚固用的角钢、膨胀螺栓规格、间距符合设计要求,并经防腐处理。位置偏差不大于30mm;螺栓孔距允许偏差不大于50mm;螺栓孔深允许偏差不大于5mm	/	/	/
	一般项目	1 面板接缝顶部预留填塞柔性填料的V形槽	位置准确,规格、尺寸符合设计要求	位置准确,规格、尺寸符合设计要求	/	100%
		2 预留槽表面处理	清洁、干燥,黏结剂涂刷均匀、平整、不应漏涂,涂料应与混凝土面黏结紧密	清洁、干燥,黏结剂涂刷均匀、平整、无漏涂,涂料与混凝土面黏结紧密	/	100%
		3 砂浆垫层	平整度、宽度符合设计要求;平整度允许偏差±2mm;宽度允许偏差不大于5mm	平整度偏差:1mm、1mm、2mm、2mm、1mm;宽度偏差:3mm、5mm、5mm、3mm、2mm	10	100%
		4 柔性填料表面	混凝土表面应平整、密实;无松动混凝土块、无露筋、蜂窝、麻面、起皮、起砂现象	混凝土表面平整、密实;无松动混凝土块、无露筋、蜂窝、麻面、起皮、起砂现象	/	100%

施工单位自评意见	主控项目检验点全部合格,一般项目逐项检验点的合格率均不小于 __90.0__ %,且不合格点不集中分布,各项报验资料 __符合__ SL 632—2012 的要求。 工序质量等级评定为: __优良__ 。 ×××(签字,加盖公章) 2015 年 8 月 21 日
监理单位复核意见	经复核,主控项目检验点全部合格,一般项目逐项检验点的合格率均不小于 __90.0__ %,且不合格点不集中分布,各项报验资料 __符合__ SL 632—2012 的要求。 工序质量等级评定为: __优良__ 。 ×××(签字,加盖公章) 2015 年 8 月 21 日

表4.4 混凝土面板预埋件制作及安装工序施工质量验收评定表

填 表 要 求

填表时必须遵守"填表基本规定",并应符合下列要求。

1. 本表适用于混凝土面板中预埋件制作及安装工序的施工质量验收评定。

2. 单位工程、分部工程、单元工程名称及部位填写要与表4相同。

3. 各检验项目的检验方法及检验数最按表4-4的要求执行。

表4-4　　　　　　　　　　混凝土面板预埋件制作及安装检验

检 验 项 目		检 验 方 法	检 验 数 量
止水片、止水带	止水片（带）连接　铜止水片连（焊）接	观察、量测、工艺试验	每种焊接工艺不少于3组
	止水片（带）连接　PVC止水带	观察、取样检测	
	止水片（带）外观	观察	全数
	基座	观察	不少于5个点
	片（带）插入深度	检查、量测	不少于1个点
	PVC（或橡胶）垫片	观察、量测	
	制作（成型）　宽度	量测	每5延米检测1个点
	制作（成型）　鼻子或立腿高度		
	制作（成型）　中心部分直径		
	安装　中心线与设计	仪器测量	
	安装　两侧平段倾斜		
伸缩缝	柔性料填充	抽样检测	每50～100m为1个检测段
	无黏性料填充	观察、量测	每10延米抽检1个断面
	面板接缝顶部预留填塞柔性填料的V形槽	观察、量测	每5延米测1个横断面，每个断面不少于3个测点
	预留槽表面处理	观察	全数
	砂浆垫层	用2m靠尺量测	平整度每5延米检测1个点；宽度每5延米检测1个断面
	柔性填料表面	自下而上观察	每5延米检测1个点

4. 工序施工质量验收评定应提交下列资料。

(1) 施工单位各班（组）初检记录、施工队复检记录、施工单位专职质检员终检记录、工序中各施工质量检验项目的检验资料。

(2) 监理单位对工序中施工质量检验项目的平行检测资料。

5. 工序质量标准。

(1) 合格等级标准。

1) 主控项目,检验结果应全部符合 SL 632—2012 的要求。

2) 一般项目,逐项应有70%及以上的检验点合格,且不合格点不应集中分布。

3）各项报验资料应符合 SL 632—2012 的要求。

（2）优良等级标准。

1）主控项目，检验结果应全部符合 SL 632—2012 的要求。

2）一般项目，逐项应有 90％及以上的检验点合格，且不合格点不应集中分布。

3）各项报验资料应符合 SL 632—2012 的要求。

表 4.5 **混凝土面板浇筑工序施工质量验收评定表（样表）**

单位工程名称			工序编号		
分部工程名称			施工单位		
单元工程名称、部位			施工日期	年 月 日至 年 月 日	

项次		检验项目	质量要求	检查记录	合格数	合格率
主控项目	1	滑模提升速度控制	滑模提升速度由试验确定，混凝土浇筑连续，不允许仓面混凝土出现初凝现象。脱模后无鼓胀及表面拉裂现象，外观光滑平整			
	2	混凝土振捣	振捣有序、均匀、密实			
	3	施工缝处理	按设计要求处理			
	4	裂缝	无贯穿性裂缝，出现裂缝按设计要求处理			
一般项目	1	铺筑厚度	符合规范要求			
	2	面板厚度	符合设计要求，允许偏差 $-50\sim100\mathrm{mm}$			
	3	混凝土养护	符合规范要求			
施工单位自评意见	主控项目检验点全部合格，一般项目逐项检验点的合格率均不小于_____%，且不合格点不集中分布，各项报验资料_____ SL 632—2012 的要求。 工序质量等级评定为：_____。 （签字，加盖公章） 年　月　日					
监理单位复核意见	经复核，主控项目检验点全部合格，一般项目逐项检验点的合格率均不小于_____%，且不合格点不集中分布，各项报验资料_____ SL 632—2012 的要求。 工序质量等级评定为：_____。 （签字，加盖公章） 年　月　日					

×××土石坝　　　工程

表 4.5　　混凝土面板浇筑工序施工质量验收评定表（实例）

单位工程名称	×××右坝段	工序编号	YB-FS-MB-05
分部工程名称	混凝土防渗面板	施工单位	×××省水利水电工程局
单元工程名称、部位	混凝土面板	施工日期	2015年8月23日至2015年8月24日

项次		检验项目	质量要求	检查记录	合格数	合格率
主控项目	1	滑模提升速度控制	滑模提升速度由试验确定，混凝土浇筑连续，不允许仓面混凝土出现初凝现象。脱模后无鼓胀及表面拉裂现象，外观光滑平整	混凝土浇筑连续，仓面混凝土未出现初凝现象，脱模后无鼓胀及表面拉裂现象，外观光滑平整	/	100%
	2	混凝土振捣	振捣有序、均匀、密实	振捣有序、均匀、密实	/	100%
	3	施工缝处理	按设计要求处理	施工缝按要求进行了处理	/	100%
	4	裂缝	无贯穿性裂缝，出现裂缝按设计要求处理	无贯穿性裂缝	/	100%
一般项目	1	铺筑厚度	符合规范要求	铺筑厚度符合规范要求	/	100%
	2	面板厚度	符合设计要求，允许偏差−50～100mm	面板厚度偏差为10mm、12mm、16mm、15mm、15mm	5	100%
	3	混凝土养护	符合规范要求	养护时间和方式符合规范要求	/	100%

施工单位自评意见	主控项目检验点全部合格，一般项目逐项检验点的合格率均不小于 __90.0__ %，且不合格点不集中分布，各项报验资料 __符合__ SL 632—2012 的要求。 工序质量等级评定为：__优良__ 。 ×××（签字，加盖公章） 2015 年 8 月 24 日
监理单位复核意见	经复核，主控项目检验点全部合格，一般项目逐项检验点的合格率均不小于 __90.0__ %，且不合格点不集中分布，各项报验资料 __符合__ SL 632—2012 的要求。 工序质量等级评定为：__优良__ 。 ×××（签字，加盖公章） 2015 年 8 月 24 日

表 4.5　混凝土面板浇筑工序施工质量验收评定表

填 表 要 求

填表时必须遵守"填表基本规定"，并应符合下列要求。

1. 本表适用于混凝土面板浇筑工序的施工质量验收评定。

2. 单位工程、分部工程、单元工程名称及部位填写应与表 4 相同。

3. 各检验项目的检验方法及检验数量按表 4 - 5 的要求执行。

表 4 - 5　　　　　　　　混凝土面板浇筑检验

检 验 项 目	检 验 方 法	检 验 数 量
滑模提升速度控制	观察、查阅施工记录	全部
混凝土振捣	观察	
施工缝处理	观察、量测	
裂缝	检查、进行统计描述裂缝情况的位置、深度、宽度、长度等	
铺筑厚度	量测	每 10 延米测 1 个点
面板厚度	测量	
混凝土养护	观察、查阅施工记录	全部

4. 工序施工质量验收评定应提交下列资料。

（1）施工单位各班（组）初检记录、施工队复检记录、施工单位专职质检员终检记录、工序中各施工质量检验项目的检验资料。

（2）监理单位对工序中施工质量检验项目的平行检测资料。

5. 工序质量标准。

（1）合格等级标准。

1）主控项目，检验结果应全部符合 SL 632—2012 的要求。

2）一般项目，逐项应有 70％及以上的检验点合格，且不合格点不应集中分布。

3）各项报验资料应符合 SL 632—2012 的要求。

（2）优良等级标准。

1）主控项目，检验结果应全部符合 SL 632—2012 的要求。

2）一般项目，逐项应有 90％及以上的检验点合格，且不合格点不应集中分布。

3）各项报验资料应符合 SL 632—2012 的要求。

表 4.6 **混凝土面板外观质量检查工序施工质量验收评定表（样表）**

单位工程名称				工序编号		
分部工程名称				施工单位		
单元工程名称、部位				施工日期	年 月 日至	年 月 日

项次		检验项目	质量要求	检查记录	合格数	合格率
主控项目	1	有平整度要求的部位	符合设计及规范要求			
	2	形体尺寸	符合设计要求或允许偏差 ±20mm			
	3	重要部位缺损	不允许出现缺损			
一般项目	1	表面平整度	每 2m 偏差不大于 8mm			
	2	麻面、蜂窝	麻面、蜂窝累计面积不超过 0.5%。经处理符合设计要求			
	3	孔洞	单个面积不超过 0.01m², 且深度不超过骨料最大粒径。经处理符合设计要求			
	4	错台、跑模、掉角	经处理符合设计要求			
	5	表面裂缝	短小、深度不大于钢筋保护层厚度的表面裂缝经处理符合设计要求			
施工单位自评意见			主控项目检验点全部合格，一般项目逐项检验点的合格率均不小于_____%，且不合格点不集中分布，各项报验资料_____ SL 632—2012 的要求。 工序质量等级评定为：_____。 （签字，加盖公章） 年 月 日			
监理单位复核意见			经复核，主控项目检验点全部合格，一般项目逐项检验点的合格率均不小于_____%，且不合格点不集中分布，各项报验资料_____ SL 632—2012 的要求。 工序质量等级评定为：_____。 （签字，加盖公章） 年 月 日			

表 4.6　混凝土面板外观质量检查工序施工质量验收评定表（实例）

单位工程名称		×××右坝段		工序编号		YB－FS－MB－06		
分部工程名称		混凝土防渗面板		施工单位		×××省水利水电工程局		
单元工程名称、部位		混凝土面板		施工日期		2015 年 8 月 25 日至 2015 年 8 月 25 日		
项次		检验项目	质量要求	检查记录			合格数	合格率
主控项目	1	有平整度要求的部位	符合设计及规范要求	符合设计及规范要求			／	100％
	2	形体尺寸	符合设计要求或允许偏差 ±20mm	长：偏差实测值为 12mm、15mm、15mm、16mm、18mm；宽：偏差实测值为 15mm、13mm、13mm、15mm、16mm；高：偏差实测值为 12mm、13mm、17mm、18mm、18mm			15	100％
	3	重要部位缺损	不允许出现缺损	未出现缺损			／	100％
一般项目	1	表面平整度	每 2m 偏差不大于 8mm	偏差实测值为 6mm、5mm、5mm、8mm、7mm、3mm、4mm、5mm			8	100％
	2	麻面、蜂窝	麻面、蜂窝累计面积不超过 0.5％。经处理符合设计要求	麻面累计面积不超过 0.5％，经处理符合设计要求			／	100％
	3	孔洞	单个面积不超过 0.01m²，且深度不超过骨料最大粒径。经处理符合设计要求	无孔洞			／	100％
	4	错台、跑模、掉角	经处理符合设计要求	掉角经处理符合设计要求			／	100％
	5	表面裂缝	短小、深度不大于钢筋保护层厚度的表面裂缝经处理符合设计要求	表面裂缝经处理符合设计要求			／	100％
施工单位自评意见		主控项目检验点全部合格，一般项目逐项检验点的合格率均不小于 __90.0__ ％，且不合格点不集中分布，各项报验资料 __符合__ SL 632—2012 的要求。工序质量等级评定为：__优良__。 ×××（签字，加盖公章） 2015 年 8 月 25 日						
监理单位复核意见		经复核，主控项目检验点全部合格，一般项目逐项检验点的合格率均不小于 __90.0__ ％，且不合格点不集中分布，各项报验资料 __符合__ SL 632—2012 的要求。工序质量等级评定为：__优良__。 ×××（签字，加盖公章） 2015 年 8 月 25 日						

表 4.6 混凝土面板外观质量检查工序施工质量验收评定表
填 表 要 求

填表时必须遵守"填表基本规定",并应符合下列要求。

1. 本表适用于混凝土面板外观质量验收评定。

2. 单位工程、分部工程、单元工程名称及部位填写应与表 4 相同。

3. 各检验项目的检验方法及检验数量按表 4-6 的要求执行。

表 4-6   混凝土面板外观质量检查

检 验 项 目	检 验 方 法	检 验 数 量
有平整度要求的部位	用 2m 靠尺或专用工具检查	100m² 及以上的表面检查 6～10 个点;100m² 以下的表面检查 3～5 个点
形体尺寸	钢尺测量	抽查 15%
重要部位缺损	观察、仪器检测	全部
表面平整度	用 2m 靠尺或专用工具检查	100m² 及以上的表面检查 6～10 个点;100m² 以下的表面检查 3～5 个点
麻面、蜂窝	观察	全部
孔洞	观察、量测	
错台、跑模、掉角		
表面裂缝		

4. 工序施工质量验收评定应提交下列资料。

(1) 施工单位各班 (组) 初检记录、施工队复检记录、施工单位专职质检员终检记录、工序中各施工质量检验项目的检验资料。

(2) 监理单位对工序中施工质量检验项目的平行检测资料。

5. 工序质量标准。

(1) 合格等级标准。

1) 主控项目,检验结果应全部符合 SL 632—2012 的要求。

2) 一般项目,逐项应有 70% 及以上的检验点合格,且不合格点不应集中分布。

3) 各项报验资料应符合 SL 632—2012 的要求。

(2) 优良等级标准。

1) 主控项目,检验结果应全部符合 SL 632—2012 的要求。

2) 一般项目,逐项应有 90% 及以上的检验点合格,且不合格点不应集中分布。

3) 各项报验资料应符合 SL 632—2012 的要求。

表 5　　　　　沥青混凝土心墙单元工程施工质量验收评定表（样表）

单位工程名称		单元工程量					
分部工程名称		施工单位					
单元工程名称、部位		施工日期	年　月　日至　　年　月　日				
项次	工序名称（或编号）	工序质量验收评定等级					
1	基座结合面处理及沥青混凝土结合层面处理						
2	模板制作及安装（心墙底部及两岸接坡扩宽部分采用人工铺筑时有模板制作及安装）						
3	△沥青混凝土的铺筑						
施工单位自评意见	各工序施工质量全部合格，其中优良工序占_____％，且主要工序达到_____等级，单元工程试块质量检验合格，各项报验资料_____ SL 632—2012 的要求。 　　单元工程质量等级评定为：_____。 　　　　　　　　　　　　　　　　　　　　　（签字，加盖公章） 　　　　　　　　　　　　　　　　　　　　年　　月　　日						
监理单位复核意见	经抽查并查验相关检验报告和检验资料，各工序施工质量全部合格，其中优良工序占_____％，且主要工序达到_____等级，单元工程试块质量检验合格，各项报验资料_____ SL 632—2012 的要求。 　　单元工程质量等级评定为：_____。 　　　　　　　　　　　　　　　　　　　　　（签字，加盖公章） 　　　　　　　　　　　　　　　　　　　　年　　月　　日						
注：本表所填"单元工程量"不作为施工单位工程量结算计量的依据。							

<u>　×××土石坝　</u>工程

表 5　　沥青混凝土心墙单元工程施工质量验收评定表（实例）

单位工程名称	×××右坝段	单元工程量	**800m³**
分部工程名称	**沥青混凝土心墙**	施工单位	**×××省水利水电工程局**
单元工程名称、部位	**沥青混凝土**	施工日期	**2015 年 5 月 15 日至 2015 年 5 月 20 日**

项次	工序名称（或编号）	工序质量验收评定等级
1	基座结合面处理及沥青混凝土结合层面处理	**优良**
2	模板制作及安装（心墙底部及两岸接坡扩宽部分采用人工铺筑时有模板制作及安装）	**优良**
3	△沥青混凝土的铺筑	**优良**
施工单位自评意见	各工序施工质量全部合格，其中优良工序占 <u>**100**</u> ％，且主要工序达到 <u>**优良**</u> 等级，单元工程试块质量检验合格，各项报验资料 <u>**符合**</u> SL 632—2012 的要求。 单元工程质量等级评定为：<u>**优良**</u>。 　　　　　　　　　　　　　　　　　　×××（签字，加盖公章） 　　　　　　　　　　　　　　　　　　2015 年 5 月 21 日	
监理单位复核意见	经抽查并查验相关检验报告和检验资料，各工序施工质量全部合格，其中优良工序占 <u>**100**</u> ％，且主要工序达到 <u>**优良**</u> 等级，单元工程试块质量检验合格，各项报验资料 <u>**符合**</u> SL 632—2012 的要求。 单元工程质量等级评定为：<u>**优良**</u>。 　　　　　　　　　　　　　　　　　　×××（签字，加盖公章） 　　　　　　　　　　　　　　　　　　2015 年 5 月 21 日	
注：本表所填"单元工程量"不作为施工单位工程量结算计量的依据。		

表5　沥青混凝土心墙单元工程施工质量验收评定表
填　表　要　求

填表时必须遵守"填表基本规定"，并应符合下列要求。

1. 本表适用于碾压式沥青混凝土心墙工程。沥青及其他混合材料的质量应满足技术规范的要求；沥青混凝土的配合比应通过试验确定；碾压施工参数如压实机具的型号、规格、碾压遍数、碾压速度等应通过现场碾压试验确定。

2. 沥青质量的进场检验结果应满足相关产品标准，并符合 SL 632—2012 附录 E.1 的规定。

粗细骨料、掺料的质量应符合 SL 632—2012 附录 E.2 的规定，沥青拌和物及沥青混凝土质量应符合 SL 632—2012 附录 E.3 的规定。

3. 单元工程划分：宜以施工铺筑区、段、层划分，每一区、段的每一铺筑层划分为一个单元工程。

4. 单元工程量填写本单元沥青混凝土铺筑量（m³）。

5. 单元工程分为基座结合面处理及沥青混凝土结合层面处理、模板制作及安装（心墙底部及两岸接坡扩宽部分采用人工铺筑时有模板制作及安装）、沥青混凝土的铺筑 3 个工序，其中沥青混凝土的铺筑为主要工序，用△标注。

6. 单元工程施工质量验收评定应提交下列资料。

（1）施工单位应提交单元工程中所含工序（或检验项目）验收评定的检验资料，原材料、拌和物与各项实体检验项目的检验记录资料。

（2）监理单位应提交对单元工程施工质量的平行检测资料。

7. 单元工程质量标准。

（1）合格等级标准。各工序施工质量验收评定应全部合格；各项报验资料应符合 SL 632—2012 的要求。

（2）优良等级标准。各工序施工质量验收评定应全部合格，其中优良工序应达到 50％及以上，且主要工序应达到优良等级；各项报验资料应符合 SL 632—2012 的要求。

表 5.1　　　基座结合面处理及沥青混凝土结合层面处理

工序施工质量验收评定表（样表）

单位工程名称			工序编号				
分部工程名称			施工单位				
单元工程名称、部位			施工日期	年　月　日至		年　月　日	
项次		检验项目	质量要求	检查记录		合格数	合格率
主控项目	1	沥青涂料和沥青胶配料比	配料比准确，所用原材料符合国家相应标准				
	2	基座结合面处理	结合面干净、干燥、平整、粗糙，无浮皮、浮渣，无积水				
	3	层面清理	层面干净、平整，无杂物，无水珠，返油均匀，层面下 1cm 处温度不低于 70℃，且各点温差不大于 20℃				
一般项目	1	沥青涂料、沥青胶涂刷	涂刷厚度符合设计要求，均匀一致，与混凝土贴附牢靠，无鼓包，无流淌，表面平整光顺				
	2	心墙上下层施工间歇时间	不宜超过48h				
施工单位自评意见	主控项目检验点全部合格，一般项目逐项检验点的合格率均不小于_____%，且不合格点不集中分布，各项报验资料_____ SL 632—2012 的要求。 　　工序质量等级评定为：_____。 （签字，加盖公章） 年　　月　　日						
监理单位复核意见	经复核，主控项目检验点全部合格，一般项目逐项检验点的合格率均不小于_____%，且不合格点不集中分布，各项报验资料_____ SL 632—2012 的要求。 　　工序质量等级评定为：_____。 （签字，加盖公章） 年　　月　　日						

_____×××土石坝_____ 工程

表 5.1　　**基座结合面处理及沥青混凝土结合层面处理**
工序施工质量验收评定表（实例）

单位工程名称	×××右坝段	工序编号	YB－XQ－LQ－01
分部工程名称	沥青混凝土心墙	施工单位	×××省水利水电工程局
单元工程名称、部位	沥青混凝土	施工日期	2015 年 5 月 15 日至 2015 年 5 月 16 日

项次		检验项目	质量要求	检查记录	合格数	合格率
主控项目	1	沥青涂料和沥青胶配料比	配料比准确，所用原材料符合国家相应标准	查配料单，配料比准确，所用原材料符合国家相应标准	/	100%
	2	基座结合面处理	结合面干净、干燥、平整、粗糙，无浮皮、浮渣，无积水	结合面干净、干燥、平整、粗糙，无浮皮、浮渣，无积水	/	100%
	3	层面清理	层面干净、平整、无杂物，无水珠，返油均匀，层面下 1cm 处温度不低于 70℃，且各点温差不大于 20℃	层面干净、平整，无杂物，无水珠，返油均匀，层面下 1cm 处温度不低于 70℃，且各点温差不大于 20℃	/	100%
一般项目	1	沥青涂料、沥青胶涂刷	涂刷厚度符合设计要求，均匀一致，与混凝土贴附牢靠，无鼓包，无流淌，表面平整光顺	涂刷厚度符合设计要求，均匀一致，与混凝土贴附牢靠，无鼓包，无流淌，表面平整光顺	/	100%
	2	心墙上下层施工间歇时间	不宜超过48h	心墙上下层施工间歇时间为 4h	/	100%

施工单位自评意见	主控项目检验点全部合格，一般项目逐项检验点的合格率均不小于 **90.0** ％，且不合格点不集中分布，各项报验资料 **符合** SL 632—2012 的要求。 　　工序质量等级评定为：**优良**。 　　　　　　　　　　　　　　　　　　　　×××（签字，加盖公章） 　　　　　　　　　　　　　　　　　　　　2015 年 8 月 16 日
监理单位复核意见	经复核，主控项目检验点全部合格，一般项目逐项检验点的合格率均不小于 **90.0** ％，且不合格点不集中分布，各项报验资料 **符合** SL 632—2012 的要求。 　　工序质量等级评定为：**优良**。 　　　　　　　　　　　　　　　　　　　　×××（签字，加盖公章） 　　　　　　　　　　　　　　　　　　　　2015 年 8 月 16 日

114

表 5.1　基座结合面处理及沥青混凝土结合层面处理工序施工质量验收评定表

填 表 要 求

填表时必须遵守"填表基本规定",并应符合下列要求。

1. 单位工程、分部工程、单元工程名称及部位填写应与表 5 相同。

2. 各检验项目的检验方法及检验数量按表 5-1 的要求执行。

表 5-1　　　　　　　　基座结合面处理及沥青混凝土结合层面处理检验

检 验 项 目	检 验 方 法	检 验 数 量
沥青涂料和沥青胶配料比	查阅配合比试验报告、原材料出厂合格证明	每种配合比至少抽检 1 组
基座结合面处理	观察、阅查施工记录	全数
层面清理	观察、测量,查阅施工记录	每 10m² 量测 1 个点,每单元温度测量点数不少于 10 个点
沥青涂料、沥青胶涂刷	观察、量测	每 10m² 量测 1 个点,每验收单元不少于 10 个点
心墙上下层施工间歇时间	观察、查阅施工记录	全数

3. 工序施工质量验收评定应提交下列资料。

(1) 施工单位各班(组)初检记录、施工队复检记录、施工单位专职质检员终检记录、工序中各施工质量检验项目的检验资料。

(2) 监理单位对工序中施工质量检验项目的平行检测资料。

4. 工序质量标准。

(1) 合格等级标准。

1) 主控项目,检验结果应全部符合 SL 632—2012 的要求。

2) 一般项目,逐项应有 70% 及以上的检验点合格,且不合格点不应集中分布。

3) 各项报验资料应符合 SL 632—2012 的要求。

(2) 优良等级标准。

1) 主控项目,检验结果应全部符合 SL 632—2012 的要求。

2) 一般项目,逐项应有 90% 及以上的检验点合格,且不合格点不应集中分布。

3) 各项报验资料应符合 SL 632—2012 的要求。

表 5.2 沥青混凝土心墙模板制作及安装工序施工质量验收评定表（样表）

单位工程名称			工序编号			
分部工程名称			施工单位			
单元工程名称、部位			施工日期	年　月　日至　年　月　日		
项次		检验项目	质量要求	检查记录	合格数	合格率
主控项目	1	稳定性、刚度和强度	符合设计要求			
	2	模板安装	符合设计要求，牢固、不变形、拼接严密			
	3	结构物边线与设计边线	符合设计要求，允许偏差±15mm			
	4	预留孔、洞尺寸及位置	位置准确，尺寸允许偏差			
一般项目	1	相邻两板面错台	允许偏差 5mm			
	2	局部平整度	允许偏差 10mm			
	3	板块间缝隙	允许偏差 3mm			
	4	结构物水平断面内部尺寸	符合设计要求，允许偏差±20mm			
	5	脱模剂涂刷	产品质量符合标准要求，涂抹均匀，无明显色差			
施工单位自评意见		主控项目检验点全部合格，一般项目逐项检验点的合格率均不小于_____%，且不合格点不集中分布，各项报验资料_____ SL 632—2012 的要求。 工序质量等级评定为：_____。 （签字，加盖公章） 年　　月　　日				
监理单位复核意见		经复核，主控项目检验点全部合格，一般项目逐项检验点的合格率均不小于_____%，且不合格点不集中分布，各项报验资料_____ SL 632—2012 的要求。 工序质量等级评定为：_____。 （签字，加盖公章） 年　　月　　日				

表 5.2 沥青混凝土心墙模板制作及安装工序施工质量验收评定表（实例）

单位工程名称	×××右坝段	工序编号	YB－XQ－LQ－02
分部工程名称	沥青混凝土心墙	施工单位	×××省水利水电工程局
单元工程名称、部位	沥青混凝土	施工日期	2015 年 5 月 17 日至 2015 年 5 月 18 日

项次		检验项目	质量要求	检查记录	合格数	合格率
主控项目	1	稳定性、刚度和强度	符合设计要求	稳定性、刚度和强度复合设计要求	/	100%
	2	模板安装	符合设计要求，牢固、不变形、拼接严密	模板安装符合设计要求，牢固、不变形、拼接严密	/	100%
	3	结构物边线与设计边线	符合设计要求，允许偏差±15mm	偏差实测值为 － 11mm、－6mm、－7mm、－4mm、12mm、8mm、8mm、10mm、13mm、6mm	10	100%
	4	预留孔、洞尺寸及位置	位置准确，尺寸允许偏差	/	/	/
一般项目	1	相邻两板面错台	允许偏差 5mm	偏差实测值为 3.2mm、3.6mm、2.4mm、2.2mm、1.2mm、1.5mm、1.9mm、4.1mm、4.3mm、4.6mm	10	100%
	2	局部平整度	允许偏差 10mm	偏差实测值为 8mm、7mm、8mm、6mm、6mm	5	100%
	3	板块间缝隙	允许偏差 3mm	偏差实测值为 3mm、3mm、1mm、1mm、2mm	5	100%
	4	结构物水平断面内部尺寸	符合设计要求，允许偏差±20mm	偏差实测值为 12mm、10mm、14mm、14mm、16mm	5	100%
	5	脱模剂涂刷	产品质量符合标准要求，涂抹均匀，无明显色差	查产品质量特性，质量符合标准要求，涂抹均匀，无明显色差	/	100%
施工单位自评意见		主控项目检验点全部合格，一般项目逐项检验点的合格率均不小于 __90.0__ %，且不合格点不集中分布，各项报验资料 __符合__ SL 632—2012 的要求。 工序质量等级评定为：__优良__。 　　　　　　　　　　　　　　　　　×××（签字，加盖公章） 　　　　　　　　　　　　　　　　　2015 年 8 月 18 日					
监理单位复核意见		经复核，主控项目检验点全部合格，一般项目逐项检验点的合格率均不小于 __90.0__ %，且不合格点不集中分布，各项报验资料 __符合__ SL 632—2012 的要求。 工序质量等级评定为：__优良__。 　　　　　　　　　　　　　　　　　×××（签字，加盖公章） 　　　　　　　　　　　　　　　　　2015 年 8 月 18 日					

表 5.2　沥青混凝土心墙模板制作及安装工序施工质量验收评定表

填 表 要 求

填表时必须遵守"填表基本要求"，并应符合下列要求。

1. 单位工程、分部工程、单元工程名称及部位填写应与表 5 相同。

2. 各检验项目的检验方法及检验数量按表 5－2 的要求执行。

表 5－2　　　　　　　　　　沥青混凝土心墙模板制作及安装检验

检 验 项 目	检 验 方 法	检 验 数 量
稳定性、刚度和强度	对照文件或设计图纸检查	全部
模板安装	观察、查阅设计图纸	抽查同一类型同一规格模板数量的 10%，且不少于 3 件
结构物边线与设计边线	钢尺测量	模板面积在 100m² 以内，不少于 10 个点；100m² 以上，不少于 20 个点
预留孔、洞尺寸及位置	测量、核对图纸	抽查点数不少于总数的 30%
相邻两板面错台	尺量（靠尺）测或拉线检查	模板面积在 100m² 以内，不少于 10 个点；100m² 以上，不少于 20 个点
局部平整度	按水平线（或垂直线）布置检测点，靠尺检查	100m² 及以上，不少于 10 个点；100m² 以内，不少于 5 个点
板块间缝隙	尺量	100m² 及以上，检查 3～5 个点；100m² 以内，检查 1～3 个点
结构物水平断面内部尺寸	尺量或仪器测量	100m² 及以上，不少于 10 个点；100m² 以内，不少于 5 个点
脱模剂涂刷	查阅产品质检证明，目视检查	全部

3. 工序施工质量验收评定应提交下列资料。

（1）施工单位各班（组）初检记录、施工队复检记录、施工单位专职质检员终检记录、工序中各施工质量检验项目的检验资料。

（2）监理单位对工序中施工质量检验项目的平行检测资料。

4. 工序质量标准。

（1）合格等级标准。

1）主控项目，检验结果应全部符合 SL 632—2012 的要求。

2）一般项目，逐项应有 70% 及以上的检验点合格，且不合格点不应集中分布。

3）各项报验资料应符合 SL 632—2012 的要求。

（2）优良等级标准。

1）主控项目，检验结果应全部符合 SL 632—2012 的要求。

2）一般项目，逐项应有 90% 及以上的检验点合格，且不合格点不应集中分布。

3）各项报验资料应符合 SL 632—2012 的要求。

表 5.3　沥青混凝土心墙铺筑工序施工质量验收评定表（样表）

单位工程名称				工序编号						
分部工程名称				施工单位						
单元工程名称、部位				施工日期	年　月　日至　年　月　日					
项次		检验项目	质量要求	检查记录					合格数	合格率
主控项目	1	碾压参数	应符合碾压试验确定的参数值							
	2	铺筑宽度（沥青混凝土心墙厚度）	符合设计要求，表面光洁、无污物；允许偏差为心墙厚度的10%							
	3	压实系数	质量符合标准要求，取值1.2～1.35							
	4	与刚性建筑物的连接	符合规范和设计要求							
一般项目	1	铺筑厚度	符合设计要求							
	2	铺筑速度（采用铺筑机）	规格符合设计要求或1～3m/min							
	3	碾压错距	符合规范和设计要求							
	4	特殊部位的碾压	符合规范和设计要求							
	5	施工接缝处及碾压带处理	符合规范和设计要求，重叠碾压10～15cm							
	6	平整度	符合设计要求，或在2m范围内起伏高度差小于10mm							
	7	降温或防冻措施	符合规范和设计要求							
	8	层间铺筑间隔时间	宜不小于12h							

施工单位自评意见：主控项目检验点全部合格，一般项目逐项检验点的合格率均不小于_____%，且不合格点不集中分布，各项报验资料_____ SL 632—2012 的要求。
工序质量等级评定为：_____。
（签字，加盖公章）
年　月　日

监理单位复核意见：经复核，主控项目检验点全部合格，一般项目逐项检验点的合格率均不小于_____%，且不合格点不集中分布，各项报验资料_____ SL 632—2012 的要求。
工序质量等级评定为：_____。
（签字，加盖公章）
年　月　日

表 5.3   沥青混凝土心墙铺筑工序施工质量验收评定表（实例）

单位工程名称	×××右坝段		工序编号		YB-XQ-LQ-03		
分部工程名称	沥青混凝土心墙		施工单位		×××省水利水电工程局		
单元工程名称、部位	沥青混凝土		施工日期		2015 年 5 月 19 日至 2015 年 5 月 20 日		

项次		检验项目	质量要求	检查记录	合格数	合格率
主控项目	1	碾压参数	应符合碾压试验确定的参数值	碾压参数符合试验确定的参数值	/	100%
	2	铺筑宽度（沥青混凝土心墙厚度）	符合设计要求，表面光洁、无污物；允许偏差为心墙厚度的10%	表面光洁、无污物，铺筑宽度为50cm，偏差实测值为2cm、2cm、3cm、1cm、1cm、4cm、3cm、5cm、4cm、5cm	10	100%
	3	压实系数	质量符合标准要求，取值1.2～1.35	压实系数符合标准要求，实测值为1.26	1	100%
	4	与刚性建筑物的连接	符合规范和设计要求	/	/	/
一般项目	1	铺筑厚度	符合设计要求	铺筑厚度符合设计要求	/	100%
	2	铺筑速度（采用铺筑机）	规格符合设计要求或1～3m/min	规格符合设计要求，为2.2m/min	1	100%
	3	碾压错距	符合规范和设计要求	碾压错距符合设计要求	/	100%
	4	特殊部位的碾压	符合规范和设计要求	/	/	/
	5	施工接缝处及碾压带处理	符合规范和设计要求，重叠碾压10～15cm	施工接缝处及碾压带处理符合规范和设计要求	/	100%
	6	平整度	符合设计要求，或在2m范围内起伏高度差小于10mm	平整度符合设计要求	/	100%
	7	降温或防冻措施	符合规范和设计要求	降温或防冻措施符合设计要求	/	100%
	8	层间铺筑间隔时间	宜不小于12h	层间铺筑间隔时间为12h	/	100%

施工单位自评意见	主控项目检验点全部合格，一般项目逐项检验点的合格率均不小于 __90.0__ %，且不合格点不集中分布，各项报验资料 __符合__ SL 632—2012 的要求。 工序质量等级评定为：__优良__。 ×××（签字，加盖公章） 2015 年 5 月 20 日
监理单位复核意见	经复核，主控项目检验点全部合格，一般项目逐项检验点的合格率均不小于 __90.0__ %，且不合格点不集中分布，各项报验资料 __符合__ SL 632—2012 的要求。 工序质量等级评定为：__优良__。 ×××（签字，加盖公章） 2015 年 5 月 20 日

表 5.3　沥青混凝土心墙铺筑工序施工质量验收评定表
填 表 要 求

填表时必须遵守"填表基本规定"，并应符合下列要求。

1. 单位工程、分部工程、单元工程名称及部位填写应与表 5 相同。

2. 各检验项目的检验方法及检验数量按表 5-3 的要求执行。

表 5-3　　　　　　　　　　　　　沥青混凝土心墙铺筑检验

检验项目	检验方法	检验数量
碾压参数	测量温度、查阅试验报告、施工记录	每班 2~3 次
铺筑宽度（沥青混凝土心墙厚度）	观察、尺量、查阅施工记录	每 10 延米检测 1 组，每组不少于 2 个点，每一验收单元不少于 10 组
压实系数	量测	每 100~150m³ 检验 1 组
与刚性建筑物的连接	观察	全部
铺筑厚度	观察、量测	每班 2~3 次
铺筑速度（采用铺筑机）	观察、量测、查阅施工记录	
碾压错距	观察、量测	全部
特殊部位的碾压	观察、量测、查阅施工记录	
施工接缝处及碾压带处理	观察、量测	
平整度	观察、靠尺量测	每 10 延米测 1 组，每组不少于 2 个点
降温或防冻措施	观察、量测	全部
层间铺筑间隔时间	观察、量测、查阅施工记录	

3. 工序施工质量验收评定应提交下列资料。

（1）施工单位各班（组）初检记录、施工队复检记录、施工单位专职质检员终检记录、工序中各施工质量检验项目的检验资料。

（2）监理单位对工序中施工质量检验项目的平行检测资料。

4. 工序质量标准。

（1）合格等级标准。

1）主控项目，检验结果应全部符合 SL 632—2012 的要求。

2）一般项目，逐项应有 70% 及以上的检验点合格，且不合格点不应集中分布。

3）各项报验资料应符合 SL 632—2012 的要求。

（2）优良等级标准。

1）主控项目，检验结果应全部符合 SL 632—2012 的要求。

2）一般项目，逐项应有 90% 及以上的检验点合格，且不合格点不应集中分布。

3）各项报验资料应符合 SL 632—2012 的要求。

表 6   沥青混凝土面板单元工程施工质量验收评定表（样表）

单位工程名称		单元工程量						
分部工程名称		施工单位						
单元工程名称、部位		施工日期	年　月　日至　　年　月　日					
项次	工序名称（或编号）	工序质量验收评定等级						
1	△沥青混凝土面板整平胶结层（含排水层）							
2	△防渗层							
3	封闭层							
4	面板与刚性建筑物连接							
施工单位自评意见	各工序施工质量全部合格，其中优良工序占_____%，且主要工序达到_____等级，单元工程试块质量检验合格，各项报验资料_____ SL 632—2012 的要求。 　　单元工程质量等级评定为：_____。 （签字，加盖公章） 年　　月　　日							
监理单位复核意见	经抽查并查验相关检验报告和检验资料，各工序施工质量全部合格，其中优良工序占_____%，且主要工序达到_____等级，单元工程试块质量检验合格，各项报验资料_____ SL 632—2012 的要求。 　　单元工程质量等级评定为：_____。 （签字，加盖公章） 年　　月　　日							
注：本表所填"单元工程量"不作为施工单位工程量结算计量的依据。								

×××土石坝 工程

表6 沥青混凝土面板单元工程施工质量验收评定表（实例）

单位工程名称	×××右坝段	单元工程量	600m³
分部工程名称	沥青混凝土面板	施工单位	×××省水利水电工程局
单元工程名称、部位	混凝土面板	施工日期	2016 年 6 月 10 日至 2016 年 6 月 17 日

项次	工序名称（或编号）	工序质量验收评定等级
1	△沥青混凝土面板整平胶结层（含排水层）	优良
2	△防渗层	优良
3	封闭层	优良
4	面板与刚性建筑物连接	优良
施工单位自评意见	各工序施工质量全部合格，其中优良工序占 __100__ ％，且主要工序达到 __优良__ 等级，单元工程试块质量检验合格，各项报验资料 __符合__ SL 632—2012 的要求。 单元工程质量等级评定为： __优良__ 。 　　　　　　　　　　　　　　　　　×××（签字，加盖公章） 　　　　　　　　　　　　　　　　　2016 年 6 月 17 日	
监理单位复核意见	经抽查并查验相关检验报告和检验资料，各工序施工质量全部合格，其中优良工序占 __100__ ％，且主要工序达到 __优良__ 等级，单元工程试块质量检验合格，各项报验资料 __符合__ SL 632—2012 的要求。 单元工程质量等级评定为： __优良__ 。 　　　　　　　　　　　　　　　　　×××（签字，加盖公章） 　　　　　　　　　　　　　　　　　2016 年 6 月 17 日	

注：本表所填"单元工程量"不作为施工单位工程量结算计量的依据。

表6 沥青混凝土面板单元工程施工质量验收评定表

填 表 要 求

填表时必须遵守"填表基本规定",并应符合下列要求。

1. 本表适用于碾压式沥青混凝土面板工程。沥青及其他混合材料的质量应满足技术规范的要求;沥青混凝土的配合比应通过试验确定;碾压施工参数如压实机具的型号、规格、碾压遍数、碾压速度等应通过现场碾压试验确定。

2. 沥青质量的进场检验结果应满足相关产品标准,并符合 SL 632—2012 附录 E.1 的规定。粗细骨料、掺料的质量应符合 SL 632—2012 附录 E.2 的规定,沥青拌和物及沥青混凝土质量应符合 SL 632—2012 附录 E.3 的规定。

3. 单元工程划分:宜以施工铺筑区、段、层划分,每一区、段的每一铺筑层划分为一个单元工程。

4. 单元工程量填写本单元沥青混凝土铺筑量(m³)。

5. 单元沥青混凝土面板施工分为整平胶结层(含排水层)、防渗层、封闭层、面板与刚性建筑物连接 4 个工序,其中整平胶结层(含排水层)、防渗层工序为主要工序,用△标注。本表须在表 6.1~表 6.4 所列各工序施工质量验收评定合格的基础上进行填写。

6. 单元工程施工质量验收评定应提交下列资料。

(1) 施工单位应提交单元工程中所含工序(或检验项目)验收评定的检验资料,原材料、拌和物与各项实体检验项目的检验记录资料。

(2) 监理单位应提交对单元工程施工质量的平行检测资料。

7. 单元工程质量标准。

(1) 合格等级标准。各工序施工质量验收评定应全部合格;各项报验资料应符合 SL 632—2012 的要求。

(2) 优良等级标准。各工序施工质量验收评定应全部合格,其中优良工序应达到50%及以上,且主要工序应达到优良等级;各项报验资料应符合 SL 632—2012 的要求。

表 6.1 沥青混凝土面板整平胶结层（含排水层）工序施工质量验收评定表（样表）

单位工程名称				工序编号			
分部工程名称				施工单位			
单元工程名称、部位				施工日期	年 月 日至		年 月 日
项次		检验项目	质量要求	检查记录		合格数	合格率
主控项目	1	碾压参数	应符合碾压试验确定的参数值				
	2	整平层、排水层的铺筑	应在垫层（含防渗底层）质量验收后，并须待喷涂的乳化沥青（或稀释沥青）干燥后进行				
一般项目	1	铺筑厚度	符合设计要求				
	2	层面平整度	符合设计要求				
	3	摊铺碾压温度	初碾压温度为 110～140℃，终碾压温度为 80～120℃				
施工单位自评意见		主控项目检验点全部合格，一般项目逐项检验点的合格率均不小于_____%，且不合格点不集中分布，各项报验资料_____ SL 632—2012 的要求。 工序质量等级评定为：_____。 （签字，加盖公章） 年 月 日					
监理单位复核意见		经复核，主控项目检验点全部合格，一般项目逐项检验点的合格率均不小于_____%，且不合格点不集中分布，各项报验资料_____ SL 632—2012 的要求。 工序质量等级评定为：_____。 （签字，加盖公章） 年 月 日					

＿＿＿×××土石坝＿＿＿工程

表 6.1 **沥青混凝土面板整平胶结层（含排水层）工序施工质量验收评定表（实例）**

单位工程名称	×××右坝段	工序编号	YB‐LQ‐MB‐01
分部工程名称	沥青混凝土面板	施工单位	×××省水利水电工程局
单元工程名称、部位	混凝土面板	施工日期	2016 年 6 月 10 日至 2016 年 6 月 11 日

项次		检验项目	质量要求	检查记录	合格数	合格率
主控项目	1	碾压参数	应符合碾压试验确定的参数值	碾压参数符合碾压试验确定的参数值	/	100%
	2	整平层、排水层的铺筑	应在垫层（含防渗底层）质量验收后，并须待喷涂的乳化沥青（或稀释沥青）干燥后进行	整平层、排水层的铺筑在垫层（含防渗底层）质量验收后，并待喷涂的乳化沥青（或稀释沥青）干燥后进行	/	100%
一般项目	1	铺筑厚度	符合设计要求	铺筑厚度符合设计要求	/	100%
	2	层面平整度	符合设计要求	层面平整度符合设计要求	/	100%
	3	摊铺碾压温度	初碾压温度为 110～140℃，终碾压温度为 80～120℃	初碾压温度为 125℃，终碾压温度为 98℃	/	100%

施工单位自评意见	主控项目检验点全部合格，一般项目逐项检验点的合格率均不小于 **90.0** %，且不合格点不集中分布，各项报验资料 **符合** SL 632—2012 的要求。 工序质量等级评定为：**优良**。 <div align="right">×××（签字，加盖公章） 2016 年 6 月 11 日</div>
监理单位复核意见	经复核，主控项目检验点全部合格，一般项目逐项检验点的合格率均不小于 **90.0** %，且不合格点不集中分布，各项报验资料 **符合** SL 632—2012 的要求。 工序质量等级评定为：**优良**。 <div align="right">×××（签字，加盖公章） 2016 年 6 月 11 日</div>

表 6.1　沥青混凝土面板整平胶结层（含排水层）工序施工质量验收评定表

填　表　要　求

填表时必须遵守"填表基本规定"，并应符合下列要求。

1. 单位工程、分部工程、单元工程名称及部位填写应与表 6 相同。

2. 各检验项目的检验方法及检验数量按表 6-1 的要求执行。

表 6-1　　　　　　　　　　沥青混凝土面板整平胶结层（含排水层）检验

检验项目	检验方法	检验数量
碾压参数	测量温度、查阅试验报告、施工记录	每班 2～3 次
整平层、排水层的铺筑	查阅施工记录、验收报告	全部
铺筑厚度	观察、尺量、查阅施工记录	摊铺厚度每 10m² 量测 1 个点，但每单元不少于 20 个点
层面平整度	摊铺层面平整度用 2m 靠尺量测	每 10m² 量测 1 个点，各点允许偏差不大于 10mm
摊铺碾压温度	温度计量测	坝面每 30～50m² 量测 1 个点

3. 工序施工质量验收评定应提交下列资料。

（1）施工单位各班（组）初检记录、施工队复检记录、施工单位专职质检员终检记录、工序中各施工质量检验项目的检验资料。

（2）监理单位对工序中施工质量检验项目的平行检测资料。

4. 工序质量标准。

（1）合格等级标准。

1）主控项目，检验结果应全部符合 SL 632—2012 的要求。

2）一般项目，逐项应有 70% 及以上的检验点合格，且不合格点不应集中分布。

3）各项报验资料应符合 SL 632—2012 的要求。

（2）优良等级标准。

1）主控项目，检验结果应全部符合 SL 632—2012 的要求。

2）一般项目，逐项应有 90% 及以上的检验点合格，且不合格点不应集中分布。

3）各项报验资料应符合 SL 632—2012 的要求。

表 6.2　　　　　沥青混凝土面板防渗层工序施工质量验收评定表（样表）

单位工程名称			工序编号			
分部工程名称			施工单位			
单元工程名称、部位			施工日期	年　月　日至　年　月　日		
项次		检验项目	质量要求	检查记录	合格数	合格率
主控项目	1	碾压参数	应符合碾压试验确定的参数值			
	2	防渗层的铺筑及层间处理	应在整平层质量检测合格后进行；上层防渗层的铺筑应在下层防渗层检测合格后进行。各铺筑层间的坡向或水平接缝相互错开			
一般项目	1	摊铺厚度	符合设计要求			
	2	层面平整度	符合设计要求			
	3	沥青混凝土防渗层表面	不应出现裂缝、流淌与鼓包			
	4	铺筑层的接缝错距	上下层水平接缝错距1.0m，允许偏差 0～20cm；上下层条幅坡向接缝错距（以1/n条幅宽计）允许偏差 0～20cm（n 为铺筑层数）			
	5	摊铺碾压温度	初碾压温度为 110～140℃，终碾压温度为 80～120℃			
施工单位自评意见			主控项目检验点全部合格，一般项目逐项检验点的合格率均不小于_____%，且不合格点不集中分布，各项报验资料_____SL 632—2012 的要求。 　　工序质量等级评定为：_____。 　　　　　　　　　　　　　　　　　　　　　（签字，加盖公章） 　　　　　　　　　　　　　　　　　　　　　年　　月　　日			
监理单位复核意见			经复核，主控项目检验点全部合格，一般项目逐项检验点的合格率均不小于_____%，且不合格点不集中分布，各项报验资料_____SL 632—2012 的要求。 　　工序质量等级评定为：_____。 　　　　　　　　　　　　　　　　　　　　　（签字，加盖公章） 　　　　　　　　　　　　　　　　　　　　　年　　月　　日			

×××土石坝 工程

表 6.2 沥青混凝土面板防渗层工序施工质量验收评定表（实例）

单位工程名称	×××右坝段	工序编号	YB-LQ-MB-02
分部工程名称	沥青混凝土面板	施工单位	×××省水利水电工程局
单元工程名称、部位	混凝土面板	施工日期	2016年6月12日至2016年6月13日

项次		检验项目	质量要求	检查记录	合格数	合格率
主控项目	1	碾压参数	应符合碾压试验确定的参数值	碾压参数符合碾压试验确定的参数值	/	100%
	2	防渗层的铺筑及层间处理	应在整平层质量检测合格后进行；上层防渗层的铺筑应在下层防渗层检测合格后进行。各铺筑层间的坡向或水平接缝相互错开	防渗层的铺筑及层间处理在整平层质量检测合格后进行；上层防渗层的铺筑在下层防渗层检测合格后进行。各铺筑层间的坡向或水平接缝相互错开	/	100%
一般项目	1	摊铺厚度	符合设计要求	摊铺厚度符合设计要求	/	100%
	2	层面平整度	符合设计要求	层面平整度符合设计要求	/	100%
	3	沥青混凝土防渗层表面	不应出现裂缝、流淌与鼓包	表面未出现裂缝、流淌与鼓包	/	100%
	4	铺筑层的接缝错距	上下层水平接缝错距1.0m，允许偏差0～20cm；上下层条幅坡向接缝错距（以1/n条幅宽计）允许偏差0～20cm（n为铺筑层数）	铺筑层上下层水平接缝错距偏差12cm、10cm、8cm、8cm、10cm	5	100%
	5	摊铺碾压温度	初碾压温度为110～140℃，终碾压温度为80～120℃	初碾压温度为132℃，终碾压温度为101℃	/	100%

施工单位自评意见	主控项目检验点全部合格，一般项目逐项检验点的合格率均不小于 **90.0** ％，且不合格点不集中分布，各项报验资料 **符合** SL 632—2012 的要求。 工序质量等级评定为：**优良** 。 ×××（签字，加盖公章） 2016年6月13日
监理单位复核意见	经复核，主控项目检验点全部合格，一般项目逐项检验点的合格率均不小于 **90.0** ％，且不合格点不集中分布，各项报验资料 **符合** SL 632—2012 的要求。 工序质量等级评定为：**优良** 。 ×××（签字，加盖公章） 2016年6月13日

表6.2 沥青混凝土面板防渗层工序施工质量验收评定表

填 表 要 求

填表时必须遵守"填表基本规定",并应符合下列要求。

1. 单位工程、分部工程、单元工程名称及部位填写应与表6相同。

2. 各检验项目的检验方法及检验数量按表6-2的要求执行。

表6-2 沥青混凝土面板防渗层检验

检验项目	检验方法	检验数量
碾压参数	测量温度、查阅试验报告、施工记录	每班2~3次
防渗层的铺筑及层间处理	查阅施工记录、验收报告	全数
摊铺厚度	观察、尺量、查阅施工记录	摊铺厚度每10m² 量测1个点,但每验收单元不少于10个点
层面平整度	摊铺层面平整度用2m靠尺量测	每10m² 量测1个点,各点允许偏差不大于10mm
沥青混凝土防渗层表面	观察	全数
铺筑层的接缝错距	观测、查阅检测记录	各项测点均不少于10个点
摊铺碾压温度	现场量测	坝面每30~50m² 测1个点

3. 工序施工质量验收评定应提交下列资料。

(1) 施工单位各班(组)初检记录、施工队复检记录、施工单位专职质检员终检记录、工序中各施工质量检验项目的检验资料。

(2) 监理单位对工序中施工质量检验项目的平行检测资料。

4. 工序质量标准。

(1) 合格等级标准。

1) 主控项目,检验结果应全部符合SL 632—2012的要求。

2) 一般项目,逐项应有70%及以上的检验点合格,且不合格点不应集中分布。

3) 各项报验资料应符合SL 632—2012的要求。

(2) 优良等级标准。

1) 主控项目,检验结果应全部符合SL 632—2012的要求。

2) 一般项目,逐项应有90%及以上的检验点合格,且不合格点不应集中分布。

3) 各项报验资料应符合SL 632—2012的要求。

表 6.3　沥青混凝土面板封闭层工序施工质量验收评定表（样表）

单位工程名称				工序编号			
分部工程名称				施工单位			
单元工程名称、部位				施工日期	年 月 日至 年 月 日		

项次		检验项目	质量要求	检查记录	合格数	合格率
主控项目	1	封闭层涂抹	应均匀一致，无脱层和流淌，涂抹量应在 $2.5\sim3.5$ kg/m² 之间，或满足设计要求涂抹量合格率不小于 85％			
一般项目	1	沥青胶最低软化点	沥青胶最低软化点应不低于 85℃，试样合格率不小于 85％			
	2	沥青胶的铺抹	应均匀一致，铺抹量在 $2.5\sim3.5$ kg/m² 之间，或满足设计要求铺抹量合格率不小于 85％			
	3	沥青胶的施工温度	搅拌出料温度为 $190℃\pm10℃$；铺抹温度不小于 170℃ 或满足设计要求			
施工单位自评意见	主控项目检验点全部合格，一般项目逐项检验点的合格率均不小于 _____ ％，且不合格点不集中分布，各项报验资料 _____ SL 632—2012 的要求。 　　工序质量等级评定为：_____。 （签字，加盖公章） 年 月 日					
监理单位复核意见	经复核，主控项目检验点全部合格，一般项目逐项检验点的合格率均不小于 _____ ％，且不合格点不集中分布，各项报验资料 _____ SL 632—2012 的要求。 　　工序质量等级评定为：_____。 （签字，加盖公章） 年 月 日					

_____×××土石坝_____ 工程

表 6.3   **沥青混凝土面板封闭层工序施工质量验收评定表（实例）**

单位工程名称	×××右坝段	工序编号	YB-LQ-MB-03
分部工程名称	沥青混凝土面板	施工单位	×××省水利水电工程局
单元工程名称、部位	混凝土面板	施工日期	2016 年 6 月 14 日至 2016 年 6 月 15 日

项次		检验项目	质量要求	检查记录	合格数	合格率
主控项目	1	封闭层涂抹	应均匀一致，无脱层和流淌，涂抹量应在 2.5～3.5kg/m² 之间，或满足设计要求涂抹量合格率不小于 85%	均匀一致，无脱层和流淌，涂抹量为 2.8kg/m²	/	100%
一般项目	1	沥青胶最低软化点	沥青胶最低软化点应不低于 85℃，试样合格率不小于 85%	沥青胶最低软化点为 86℃，试样合格率为 88%	/	100%
	2	沥青胶的铺抹	应均匀一致，铺抹量在 2.5～3.5kg/m² 之间，或满足设计要求铺抹量合格率不小于 85%	均匀一致，铺抹量为 3.2kg/m²	/	100%
	3	沥青胶的施工温度	搅拌出料温度为 190℃±10℃；铺抹温度不小于 170℃ 或满足设计要求	搅拌出料温度为 192℃；铺抹温度为 172℃	/	100%
施工单位自评意见		主控项目检验点全部合格，一般项目逐项检验点的合格率均不小于 __90.0__ %，且不合格点不集中分布，各项报验资料 __符合__ SL 632—2012 的要求。 工序质量等级评定为：__优良__。 ×××（签字，加盖公章） 2016 年 6 月 15 日				
监理单位复核意见		经复核，主控项目检验点全部合格，一般项目逐项检验点的合格率均不小于 __90.0__ %，且不合格点不集中分布，各项报验资料 __符合__ SL 632—2012 的要求。 工序质量等级评定为：__优良__。 ×××（签字，加盖公章） 2016 年 6 月 15 日				

表6.3 沥青混凝土面板封闭层工序施工质量验收评定表

填 表 要 求

填表时必须遵守"填表基本规定",并应符合下列要求。

1. 单位工程、分部工程、单元工程名称及部位填写应与表6相同。

2. 各检验项目的检验方法及检验数量按表6-3的要求执行。

表6-3 沥青混凝土面板封闭层检验

检验项目	检验方法	检验数量
封闭层涂抹	观察、查阅施工记录	每天至少观察并计算铺抹量1次,且全部检查铺抹过程
沥青胶最低软化点	查阅施工记录,取样量测	每500~1000m² 的铺抹层至少取1个试样,1天铺抹面积不足500m² 的也取1个试样
沥青胶的铺抹	观察、称量	每天至少观察并计算铺抹量1次,且全部检查铺抹过程
沥青胶的施工温度	查阅施工记录、现场实测	搅拌出料温度,每盘(罐)出料时量测1次;铺抹温度每天至少实测2次

3. 工序施工质量验收评定应提交下列资料。

(1) 施工单位各班(组)初检记录、施工队复检记录、施工单位专职质检员终检记录、工序中各施工质量检验项目的检验资料。

(2) 监理单位对工序中施工质量检验项目的平行检测资料。

4. 工序质量标准。

(1) 合格等级标准。

1) 主控项目,检验结果应全部符合 SL 632—2012 的要求。

2) 一般项目,逐项应有70%及以上的检验点合格,且不合格点不应集中分布。

3) 各项报验资料应符合 SL 632—2012 的要求。

(2) 优良等级标准。

1) 主控项目,检验结果应全部符合 SL 632—2012 的要求。

2) 一般项目,逐项应有90%及以上的检验点合格,且不合格点不应集中分布。

3) 各项报验资料应符合 SL 632—2012 的要求。

表6.4 沥青混凝土面板与刚性建筑物连接工序施工质量验收评定表（样表）

单位工程名称			工序编号					
分部工程名称			施工单位					
单元工程名称、部位			施工日期	年 月 日至 年 月 日				

项次		检验项目	质量要求	检查记录	合格数	合格率
主控项目	1	楔形体的浇筑	施工前应进行现场铺筑试验以确定合理施工工艺，满足设计要求；保持接头部位无熔化、流淌及滑移现象			
	2	防滑层与加强层的敷设	满足设计要求，接头部位无熔化、流淌及滑移观象			
	3	铺筑沥青混凝土防渗层	在铺筑沥青混凝土防渗层时，应待滑动层与楔形体冷凝且质量合格后进行，满足设计要求			
一般项目	1	橡胶沥青胶防滑层的敷设	应待喷涂乳化沥青完全干燥后进行，满足设计要求			
	2	沥青砂浆楔形体浇筑温度	150℃±10℃			
	3	橡胶沥青胶滑动层拌制温度	190℃±5℃			
	4	连接面的处理	施工前应进行现场铺筑试验，确定施工工艺，满足设计要求			
	5	加强层	上下层接缝的搭接宽度符合设计要求			

施工单位自评意见	主控项目检验点全部合格，一般项目逐项检验点的合格率均不小于＿＿＿＿＿%，且不合格点不集中分布，各项报验资料＿＿＿＿＿SL 632—2012的要求。 　工序质量等级评定为：＿＿＿＿＿。 （签字，加盖公章） 年　月　日
监理单位复核意见	经复核，主控项目检验点全部合格，一般项目逐项检验点的合格率均不小于＿＿＿＿＿%，且不合格点不集中分布，各项报验资料＿＿＿＿＿SL 632—2012的要求。 　工序质量等级评定为：＿＿＿＿＿。 （签字，加盖公章） 年　月　日

表 6.4　沥青混凝土面板与刚性建筑物连接工序施工质量验收评定表（实例）

单位工程名称	×××右坝段	工序编号	YB－LQ－MB－04		
分部工程名称	沥青混凝土面板	施工单位	×××省水利水电工程局		
单元工程名称、部位	混凝土面板	施工日期	2016 年 6 月 16 日至 2016 年 6 月 17 日		

项次		检验项目	质量要求	检查记录	合格数	合格率
主控项目	1	楔形体的浇筑	施工前应进行现场铺筑试验以确定合理施工工艺，满足设计要求；保持接头部位无熔化、流淌及滑移现象	施工前进行现场铺筑试验，保持接头部位无熔化、流淌及滑移现象	/	100%
	2	防滑层与加强层的敷设	满足设计要求，接头部位无熔化、流淌及滑移观象	防滑层与加强层的敷设满足设计要求，接头部位无熔化、流淌及滑移观象	/	100%
	3	铺筑沥青混凝土防渗层	在铺筑沥青混凝土防渗层时，应待滑动层与楔形体冷凝且质量合格后进行，满足设计要求	在铺筑沥青混凝土防渗层时，待滑动层与楔形体冷凝且质量合格后进行，满足设计要求	/	100%
一般项目	1	橡胶沥青胶防滑层的敷设	应待喷涂乳化沥青完全干燥后进行，满足设计要求	橡胶沥青胶防滑层的敷设待喷涂乳化沥青完全干燥后进行，满足设计要求	/	100%
	2	沥青砂浆楔形体浇筑温度	150℃±10℃	155℃	1	100%
	3	橡胶沥青胶滑动层拌制温度	190℃±5℃	192℃	1	100%
	4	连接面的处理	施工前应进行现场铺筑试验，确定施工工艺，满足设计要求	施工前进行现场铺筑试验，确定施了工工艺，满足设计要求	/	100%
	5	加强层	上下层接缝的搭接宽度符合设计要求	上下层接缝的搭接宽度符合设计要求	/	100%

施工单位自评意见	主控项目检验点全部合格，一般项目逐项检验点的合格率均不小于　**90.0**　%，且不合格点不集中分布，各项报验资料　**符合**　SL 632—2012 的要求。 　　工序质量等级评定为：　**优良**　。 　　　　　　　　　　　　　　　　×××（签字，加盖公章） 　　　　　　　　　　　　　　　　**2016 年 6 月 18 日**
监理单位复核意见	经复核，主控项目检验点全部合格，一般项目逐项检验点的合格率均不小于　**90.0**　%，且不合格点不集中分布，各项报验资料　**符合**　SL 632—2012 的要求。 　　工序质量等级评定为：　**优良**　。 　　　　　　　　　　　　　　　　×××（签字，加盖公章） 　　　　　　　　　　　　　　　　**2016 年 6 月 18 日**

表 6.4　沥青混凝土面板与刚性建筑物连接工序施工质量验收评定表

填 表 要 求

填表时必须遵守"填表基本规定",并应符合下列要求。

1. 单位工程、分部工程、单元工程名称及部位填写应与表 6 相同。

2. 各检验项目的检验方法及检验数量按表 6-4 的要求执行。

表 6-4　　　　　　　　　　　沥青混凝土面板与刚性建筑物连接检验

检验项目	检验方法	检验数量
楔形体的浇筑	观察、查阅施工记录	全数
防滑层与加强层的敷设		
铺筑沥青混凝土防渗层		
橡胶沥青胶防滑层的敷设		
沥青砂浆楔形体浇筑温度	检查施工记录和现场量测	每盘 1 次
橡胶沥青胶滑动层拌制温度		
连接面的处理	观察、查阅施工工艺记录	全数
加强层	检查施工记录和现场检测	测点不少于 10 个点

3. 工序施工质量验收评定应提交下列资料。

(1) 施工单位各班(组)初检记录、施工队复检记录、施工单位专职质检员终检记录、工序中各施工质量检验项目的检验资料。

(2) 监理单位对工序中施工质量检验项目的平行检测资料。

4. 工序质量标准。

(1) 合格等级标准。

1) 主控项目,检验结果应全部符合 SL 632—2012 的要求。

2) 一般项目,逐项应有 70% 及以上的检验点合格,且不合格点不应集中分布。

3) 各项报验资料应符合 SL 632—2012 的要求。

(2) 优良等级标准。

1) 主控项目,检验结果应全部符合 SL 632—2012 的要求。

2) 一般项目,逐项应有 90% 及以上的检验点合格,且不合格点不应集中分布。

3) 各项报验资料应符合 SL 632—2012 的要求。

表7   预应力混凝土单元工程施工质量验收评定表（样表）

单位工程名称		单元工程量	
分部工程名称		施工单位	
单元工程名称、部位		施工日期	年　月　日至　　年　月　日

项次	工序名称（或编号）	工序质量验收评定等级
1	基础面或施工缝处理	
2	模板制作及安装	
3	钢筋制作及安装	
4	预埋件（止水、伸缩缝等设置）制作及安装	
5	△混凝土浇筑（养护、脱模）	
6	预应力筋孔道	
7	预应力筋制作及安装	
8	△预应力筋张拉	
9	有黏结预应力筋灌浆	
10	预应力混凝土外观质量检查	
施工单位自评意见	各工序施工质量全部合格，其中优良工序占_____％，且主要工序达到_____等级，单元工程试块质量检验合格，各项报验资料_____SL 632—2012 的要求。 单元工程质量等级评定为：_____。 （签字，加盖公章） 年　月　日	
监理单位复核意见	经抽查并查验相关检验报告和检验资料，各工序施工质量全部合格，其中优良工序占_____％，且主要工序达到_____等级，单元工程试块质量检验合格，各项报验资料_____SL 632—2012 的要求。 单元工程质量等级评定为：_____。 （签字，加盖公章） 年　月　日	
注：本表所填"单元工程量"不作为施工单位工程量结算计量的依据。			

表 7   预应力混凝土单元工程施工质量验收评定表（实例）

单位工程名称	泄洪工程	单元工程量	200m³
分部工程名称	溢洪道控制段	施工单位	×××工程局有限公司
单元工程名称、部位	工作桥	施工日期	2015 年 5 月 10 日至 2015 年 5 月 25 日

项次	工序名称（或编号）	工序质量验收评定等级
1	基础面或施工缝处理	优良
2	模板制作及安装	优良
3	钢筋制作及安装	优良
4	预埋件（止水、伸缩缝等设置）制作及安装	优良
5	△混凝土浇筑（养护、脱模）	优良
6	预应力筋孔道	优良
7	预应力筋制作及安装	优良
8	△预应力筋张拉	优良
9	有黏结预应力筋灌浆	优良
10	预应力混凝土外观质量检查	优良
施工单位自评意见	各工序施工质量全部合格，其中优良工序占 __100__ ％，且主要工序达到 __优良__ 等级，单元工程试块质量检验合格，各项报验资料 __符合__ SL 632—2012 的要求。 单元工程质量等级评定为：__优良__。 ×××（签字，加盖公章） 2015 年 5 月 25 日	
监理单位复核意见	经抽查并查验相关检验报告和检验资料，各工序施工质量全部合格，其中优良工序占 __100__ ％，且主要工序达到 __优良__ 等级，单元工程试块质量检验合格，各项报验资料 __符合__ SL 632—2012 的要求。 单元工程质量等级评定为：__优良__。 ×××（签字，加盖公章） 2015 年 5 月 25 日	
注：本表所填"单元工程量"不作为施工单位工程量结算计量的依据。		

表7　预应力混凝土单元工程施工质量验收评定表

填 表 要 求

填表时必须遵守"填表基本规定"，并应符合下列要求。

1. 本表适用于水工建筑物中闸墩、板梁、隧洞衬砌锚固等预应力混凝土后张法施工（包括有黏结、无黏结两种工艺）质量的验收评定。

2. 对进场使用的水泥、钢筋、掺和料、外加剂、止水片（带）等原材料质量应按有关规范要求进行全面检验，检验结果应满足相关产品标准。不同批次原材料在工程中的使用部位应有记录，并填写原材料及中间产品备查表（混凝土单元工程原材料检验备查表、混凝土单元工程骨料检验备查表、混凝土拌和物性能检验备查表、硬化混凝土性能检验备查表）。混凝土中间产品质量应符合 SL 632—2012 附录 C 的规定。

3. 单元工程划分：宜以混凝土浇筑段或预制件的一个制作批次划分为一个单元工程。

4. 单元工程量填写本单元预应力混凝土浇筑量（m^3）。

5. 单元工程分为基础面或施工缝处理、模板制作及安装、钢筋制作及安装、预埋件（止水、伸缩缝等设置）制作及安装、混凝土浇筑（养护、脱模）、预应力筋孔道、预应力筋制作及安装、预应力筋张拉、有黏结预应力筋灌浆、预应力混凝土外观质量检查 10 个工序，其中混凝土浇筑（养护、脱模）、预应力筋张拉工序为主要工序，用△标注。本表须在表 7.1～表 7.10 所列各工序施工质量验收评定合格的基础上进行填写。

6. 单元工程施工质量验收评定应提交下列资料。

（1）施工单位应提交单元工程中所含工序（或检验项目）验收评定的检验资料，原材料、拌和物与各项实体检验项目的检验记录资料。

（2）监理单位应提交对单元工程施工质量的平行检测资料。

7. 单元工程质量标准。

（1）合格等级标准。各工序施工质量验收评定应全部合格；各项报验资料应符合 SL 632—2012 的要求。

（2）优良等级标准。各工序施工质量验收评定应全部合格，其中优良工序应达到50％及以上，且主要工序应达到优良等级；各项报验资料应符合 SL 632—2012 的要求。

表 7.1 预应力混凝土基础面或施工缝处理工序施工质量验收评定表（样表）

单位工程名称			工序编号			
分部工程名称			施工单位			
单元工程名称、部位			施工日期	年 月 日至 年 月 日		

项次			检验项目	质量要求	检查记录	合格数	合格率
基础面	主控项目	1	岩基	符合设计要求			
			软基	预留保护层已挖除；基础面符合设计要求			
		2	地表水和地下水	妥善引排或封堵			
	一般项目	1	岩面清理	符合设计要求；清洗洁净、无积水、无积渣杂物			
施工缝处理	主控项目	1	施工缝的留置位置	符合设计或有关施工规范规定			
		2	施工缝面凿毛	基面无乳皮，成毛面，微露粗砂			
	一般项目	1	缝面清理	符合设计要求；清洗洁净、无积水、无积渣杂物			

施工单位自评意见	主控项目检验点全部合格，一般项目逐项检验点的合格率均不小于_____%，且不合格点不集中分布，各项报验资料_____SL 632—2012 的要求。 工序质量等级评定为：_____。 （签字，加盖公章） 年　　月　　日
监理单位复核意见	经复核，主控项目检验点全部合格，一般项目逐项检验点的合格率均不小于_____%，且不合格点不集中分布，各项报验资料_____SL 632—2012 的要求。 工序质量等级评定为：_____。 （签字，加盖公章） 年　　月　　日

表 7.1　预应力混凝土基础面或施工缝处理工序施工质量验收评定表（实例）

单位工程名称			泄洪工程	工序编号	**XH‑YHD‑GZ‑01**		
分部工程名称			**溢洪道控制段**	施工单位	**×××工程局有限公司**		
单元工程名称、部位			**工作桥**	施工日期	**2015 年 5 月 10 日至 2015 年 5 月 13 日**		
项次			检验项目	质量要求	检查记录	合格数	合格率
基础面	主控项目	1	岩基	符合设计要求	**基础面为岩石符合设计要求**	/	100%
			软基	预留保护层已挖除；基础面符合设计要求	**预留保护层已挖除；基础面符合设计要求**	/	100%
		2	地表水和地下水	妥善引排或封堵	**地表水已妥善引排，无地下水**	/	100%
	一般项目	1	岩面清理	符合设计要求；清洗洁净、无积水、无积渣杂物	**岩面已清洗洁净，无积水、无积渣杂物**	/	100%
施工缝处理	主控项目	1	施工缝的留置位置	符合设计或有关施工规范规定	**施工缝留置位置符合设计及施工规范规定**	/	100%
		2	施工缝面凿毛	基面无乳皮，成毛面，微露粗砂	**基面无乳皮，成毛面，微露粗砂**	/	100%
	一般项目	1	缝面清理	符合设计要求；清洗洁净、无积水、无积渣杂物	**缝面清洗洁净，无积水、无积渣杂物**	/	100%
施工单位自评意见			主控项目检验点全部合格，一般项目逐项检验点的合格率均不小于　<u>**90.0**</u>　％，且不合格点不集中分布，各项报验资料<u>**符合**</u> SL 632—2012 的要求。 　　工序质量等级评定为：<u>**优良**</u>。 <div align="right">**×××**（签字，加盖公章） **2015 年 5 月 13 日**</div>				
监理单位复核意见			经复核，主控项目检验点全部合格，一般项目逐项检验点的合格率均不小于　<u>**90.0**</u>　％，且不合格点不集中分布，各项报验资料<u>**符合**</u> SL 632—2012 的要求。 　　工序质量等级评定为：<u>**优良**</u>。 <div align="right">**×××**（签字，加盖公章） **2015 年 5 月 13 日**</div>				

表7.1 预应力混凝土基础面或施工缝处理工序施工质量验收评定表

填 表 要 求

填表时必须遵守"填表基本规定",并应符合下列要求。

1. 基础面处理工序是在表1.1~表1.5评定基础上进行的。

2. 单位工程、分部工程、单元工程名称及部位填写应与表7相同。

3. 各检验项目的检验方法及检验数量按表7-1的要求执行。

表 7-1   预应力混凝土基础面或施工缝检验

检验项目		检验方法	检验数量
基础面	岩基	观察、查阅设计图纸或地质报告	全仓
	软基	观察、查阅测量断面图及设计图纸	
	地表水和地下水	观察	
	岩面清理		
施工缝处理	施工缝的留置位置	观察、量测	全数
	施工缝面凿毛	观察	
	缝面清理		

4. 工序施工质量验收评定应提交下列资料。

(1) 施工单位各班(组)初检记录、施工队复检记录、施工单位专职质检员终检记录、工序中各施工质量检验项目的检验资料。

(2) 监理单位对工序中施工质量检验项目的平行检测资料。

5. 工序质量标准。

(1) 合格等级标准。

1) 主控项目,检验结果应全部符合SL 632—2012的要求。

2) 一般项目,逐项应有70%及以上的检验点合格,且不合格点不应集中分布。

3) 各项报验资料应符合SL 632—2012的要求。

(2) 优良等级标准。

1) 主控项目,检验结果应全部符合SL 632—2012的要求。

2) 一般项目,逐项应有90%及以上的检验点合格,且不合格点不应集中分布。

3) 各项报验资料应符合SL 632—2012的要求。

表 7.2 预应力混凝土模板制作及安装工序施工质量验收评定表（样表）

单位工程名称				工序编号			
分部工程名称				施工单位			
单元工程名称、部位				施工日期	年 月 日至 年 月 日		

项次		检验项目		质量要求	检查记录	合格数	合格率
主控项目	1	稳定性、刚度和强度		满足混凝土施工荷载要求，并符合模板设计要求			
	2	承重模板底面高程		允许偏差 0～＋5mm			
	3	排架、梁、板、柱、墙、墩	结构断面尺寸	允许偏差±10mm			
			轴线位置	允许偏差±10mm			
			垂直度	允许偏差 5mm			
	4	结构物边线与设计边线	外露表面	内模板：允许偏差 0～＋10mm；外模板：允许偏差－10～0mm			
			隐蔽内面	允许偏差 15mm			
	5	预留孔、洞尺寸及位置	孔、洞尺寸	允许偏差 0～＋10mm			
			孔洞位置	允许偏差±10mm			
一般项目	1	相邻两板面错台	外露表面	钢模：允许偏差 2mm；木模：允许偏差 3mm			
			隐蔽内面	允许偏差 5mm			
	2	局部平整度	外露表面	钢模：允许偏差 3mm；木模：允许偏差 5mm			
			隐蔽内面	允许偏差 10mm			
	3	板面缝隙	外露表面	钢模：允许偏差 1mm；木模：允许偏差 2mm			
			隐蔽内面	允许偏差 2mm			
	4	结构物水平断面内部尺寸		允许偏差±20mm			
	5	脱模剂涂刷		产品质量符合标准要求，涂刷均匀，无明显色差			
	6	模板外观		表面光洁、无污物			

施工单位自评意见	主控项目检验点全部合格，一般项目逐项检验点的合格率均不小于＿＿＿＿＿％，且不合格点不集中分布，各项报验资料＿＿＿＿＿SL 632—2012 的要求。 工序质量等级评定为：＿＿＿＿＿。 （签字，加盖公章） 年 月 日
监理单位复核意见	经复核，主控项目检验点全部合格，一般项目逐项检验点的合格率均不小于＿＿＿＿＿％，且不合格点不集中分布，各项报验资料＿＿＿＿＿SL 632—2012 的要求。 工序质量等级评定为：＿＿＿＿＿。 （签字，加盖公章） 年 月 日

表 7.2　　预应力混凝土模板制作及安装工序施工质量验收评定表（实例）

单位工程名称	泄洪工程		工序编号		XH－YHD－GZ－02		
分部工程名称	溢洪道控制段		施工单位		×××工程局有限公司		
单元工程名称、部位	工作桥		施工日期		2015 年 5 月 14 日至 2015 年 5 月 16 日		
项次	检验项目		质量要求	检查记录		合格数	合格率
主控项目	1	稳定性、刚度和强度	满足混凝土施工荷载要求，并符合模板设计要求	满足混凝土施工荷载要求，并符合模板设计要求		/	100%
	2	承重模板底面高程	允许偏差 0～＋5mm	底面高程设计值为 360.00m，偏差实测值为 1mm、3mm、2mm、1mm、2mm、4mm、5mm、4mm、5mm、1mm		10	100%
	3	排架、梁、板、柱、墙、墩	结构断面尺寸	允许偏差±10mm	偏差实测值为－8mm、1mm、－6mm、5mm、3mm、7mm、6mm、8mm、－7mm、8mm	10	100%
			轴线位置	允许偏差±10mm	偏差实测值为－6mm、5mm、－3mm、－1mm、2mm	5	100%
			垂直度	允许偏差 5mm	偏差实测值为 3mm、5mm、4mm、5mm、1mm、2mm、3mm、2mm、2mm、2mm	10	100%
	4	结构物边线与设计边线	外露表面	内模板：允许偏差 0～＋10mm；外模板：允许偏差－10～0mm	外模板偏差实测值为 5mm、4mm、1mm、2mm、3mm、2mm、6mm、2mm、5mm、8mm	10	100%
			隐蔽内面	允许偏差 15mm	偏差实测值为 7mm、2mm、2mm、3mm、6mm、8mm、2mm、5mm、3mm、2mm	10	100%
	5	预留孔、洞尺寸及位置	孔、洞尺寸	允许偏差 0～＋10mm	偏差实测值为 0mm、1mm、2mm、0mm、0mm、1mm、1mm、－1mm、－1mm、0mm	10	100%
			孔洞位置	允许偏差±10mm	偏差实测值为 2mm、－4mm、－1mm、5mm	10	100%

项次		检验项目	质量要求	检查记录	合格数	合格率
一般项目	1	相邻两板面错台 外露表面	钢模：允许偏差2mm；木模：允许偏差3mm	钢模偏差实测值为 3mm、0mm、2mm、0mm、1mm、2mm、1mm、1mm、0mm、2mm	9	90.0%
		相邻两板面错台 隐蔽内面	允许偏差5mm	偏差实测值为 3mm、2mm、1mm、2mm、2mm、1mm、1mm、3mm、3mm、5mm	10	100%
	2	局部平整度 外露表面	钢模：允许偏差3mm木模：允许偏差5mm	钢模偏差实测值为 3mm、1mm、2mm、4mm、0mm、1mm、2mm、0mm、2mm、3mm	9	90.0%
		局部平整度 隐蔽内面	允许偏差10mm	偏差实测值为 7mm、7mm、11mm、8mm、1mm、5mm、6mm、7mm、9mm、9mm	9	90.0%
	3	板面缝隙 外露表面	钢模：允许偏差1mm木模：允许偏差2mm	钢模偏差实测值为 1mm、0mm、1mm、1mm、1mm、0mm、1mm、0mm、0mm、1mm	10	100%
		板面缝隙 隐蔽内面	允许偏差2mm	偏差实测值为 1mm、1mm、2mm、0mm、0mm、2mm、1mm、1mm、1mm、2mm	10	100%
	4	结构物水平断面内部尺寸	允许偏差±20mm	偏差实测值为 20mm、19mm、18mm、13mm、9mm、6mm、5mm、0mm、−18mm、−15mm	10	100%
	5	脱模剂涂刷	产品质量符合标准要求，涂刷均匀，无明显色差	涂刷均匀，无明显色差	/	100%
	6	模板外观	表面光洁、无污物	模板表面光洁、无污物	/	100%

施工单位自评意见	主控项目检验点全部合格，一般项目逐项检验点的合格率均不小于 __90.0__ ％，且不合格点不集中分布，各项报验资料 __符合__ SL 632—2012 的要求。 工序质量等级评定为：__优良__ 。 ×××（签字，加盖公章） 2015 年 5 月 16 日
监理单位复核意见	经复核，主控项目检验点全部合格，一般项目逐项检验点的合格率均不小于 __90.0__ ％，且不合格点不集中分布，各项报验资料 __符合__ SL 632—2012 的要求。 工序质量等级评定为：__优良__ 。 ×××（签字，加盖公章） 2015 年 5 月 16 日

表7.2 预应力混凝土模板制作及安装工序施工质量验收评定表

填 表 要 求

填表时必须遵守"填表基本规定",并应符合下列要求。

1. 单位工程、分部工程、单元工程名称及部位填写应与表7相同。

2. 各检验项目的检验方法及检验数量按表7-2的要求执行。

表7-2   预应力混凝土模板制作及安装检验

检验项目		检验方法	检验数量
稳定性、刚度和强度		对照模板设计文件及图纸检查	全部
承重模板底面高程		仪器测量	模板面积在100m² 以内,不少于10个点;每增加100m²,检查点数增加不少于10个点
排架、梁、板、柱、墙、墩	结构断面尺寸	钢尺测量	
	轴线位置	仪器测量	
	垂直度	用2m靠尺量测、或仪器测量	
结构物边线与设计边线	外露表面	钢尺测	
	隐蔽内面		
预留孔、洞尺寸及位置	孔、洞尺寸	测量、查看图纸	
	孔洞位置		
相邻两板面错台	外露表面	用2m靠尺量测或拉线检查	
	隐蔽内面		
局部平整度	外露表面	按水平线(或垂直线)布置检测点,用2m靠尺量测	模板面积在100m² 以上,不少于20个点;每增加100m²,检查点数增加不少于10个点
	隐蔽内面		
板面缝隙	外露表面	量测	100m² 及以上,检查3~5个点;100m²以内,检查1~3个点
	隐蔽内面		
结构物水平断面内部尺寸		测量	100m² 及以上,不少于10个点;100m²以内,不少于5个点
脱模剂涂刷		查阅产品质检证明,观察	全面
模板外观		观察	

3. 工序施工质量验收评定应提交下列资料。

(1) 施工单位各班(组)初检记录、施工队复检记录、施工单位专职质检员终检记录、工序中各施工质量检验项目的检验资料。

(2) 监理单位对工序中施工质量检验项目的平行检测资料。

4. 工序质量标准。

(1) 合格等级标准。

1) 主控项目,检验结果应全部符合SL 632—2012的要求。

2) 一般项目,逐项应有70%及以上的检验点合格,且不合格点不应集中分布。

3）各项报验资料应符合 SL 632—2012 的要求。

（2）优良等级标准。

1）主控项目，检验结果应全部符合 SL 632—2012 的要求。

2）一般项目，逐项应有 90％及以上的检验点合格，且不合格点不应集中分布。

3）各项报验资料应符合 SL 632—2012 的要求。

表 7.3　预应力混凝土钢筋制作及安装工序施工质量验收评定表（样表）

	单位工程名称			工序编号				
	分部工程名称			施工单位				
	单元工程名称、部位			施工日期		年　月　日至	年　月　日	

项次		检验项目		质量要求	检查记录	合格数	合格率
主控项目	1	钢筋的数量、规格尺寸、安装位置		符合质量标准和设计的要求			
	2	钢筋接头的力学性能		符合规范要求和国家及行业有关规定			
	3	焊接接头和焊缝外观		不允许有裂缝、脱焊点、漏焊点，表面平顺，没有明显的咬边、凹陷、气孔等，钢筋不应有明显烧伤			
	4	钢筋连接	电弧焊	帮条对焊接头中心	纵向偏移差不大于 0.5d			
				接头处钢筋轴线的曲折	≤4°			
				焊缝　长度	允许偏差 −0.5d			
				焊缝　宽度	允许偏差 −0.1d			
				焊缝　高度	允许偏差 −0.05d			
				表面气孔夹渣	在 2d 长度上数量不多于 2 个；气孔、夹渣的直径不大于 3mm			
			对焊及熔槽焊	焊接接头根部未焊透深度　$\phi25\sim40$钢筋	≤0.15d			
				焊接接头根部未焊透深度　$\phi40\sim70$钢筋	≤0.10d			
				接头处钢筋中心线的位移	0.10d 且不大于 2mm			
				蜂窝、气孔、非金属杂质	焊缝表面（长为 2d）和焊缝截面上不多于 3 个，且每个直径不大于 1.5mm			
			绑扎连接	缺扣、松扣	≤20%，且不集中			
				弯钩朝向正确	符合设计图纸			
				搭接长度	允许偏差 −0.05 设计值			

148

项次	检验项目			质量要求	检查记录	合格数	合格率
主控项目	4 钢筋连接	机械连接	带肋钢筋冷挤压连接接头 — 压痕处套筒外形尺寸	挤压后套筒长度应为原套筒长度的 1.10～1.15 倍，或压痕处套筒的外径波动范围为 0.8～0.9 的原套筒外径			
			挤压道次	符合型式检验结果			
			接头弯折	≤4°			
			裂缝检查	挤压后肉眼观察无裂缝			
			直(锥)螺纹连接接头 — 丝头外观质量	保护良好，无锈蚀和油污，牙形饱满光滑			
			套头外观质量	无裂纹或其他肉眼可见缺陷			
			外露丝扣	无 1 扣以上完整丝扣外露			
			螺纹匹配	丝头螺纹与套筒螺纹满足连接要求，螺纹结合紧密，无明显松动，以及相应处理方法得当			
	5	钢筋间距		无明显过大过小的现象			
	6	保护层厚度		允许偏差±1/4 净保护层厚度			
一般项目	1	钢筋长度方向		允许偏差±1/2 净保护层厚度			
	2	同一排受力钢筋间距	排架、柱、梁	允许偏差±0.5d			
			板、墙	允许偏差±0.1 间距			
	3	双排钢筋，其排与排间距		允许偏差±0.1 排距			
	4	梁与柱中箍筋间距		允许偏差±0.1 箍筋间距			

施工单位自评意见	主控项目检验点全部合格，一般项目逐项检验点的合格率均不小于_____%，且不合格点不集中分布，各项报验资料_____SL 632—2012 的要求。 工序质量等级评定为：_____。 （签字，加盖公章） 年 月 日
监理单位复核意见	经复核，主控项目检验点全部合格，一般项目逐项检验点的合格率均不小于_____%，且不合格点不集中分布，各项报验资料_____SL 632—2012 的要求。 工序质量等级评定为：_____。 （签字，加盖公章） 年 月 日

表 7.3 预应力混凝土钢筋制作及安装工序施工质量验收评定表（实例）

单位工程名称			泄洪工程		工序编号	XH‐YHD‐GZ‐03		
分部工程名称			溢洪道控制段		施工单位	×××工程局有限公司		
单元工程名称、部位			工作桥		施工日期	2015 年 5 月 17 日至 2015 年 5 月 18 日		
项次		检验项目		质量要求	检查记录		合格数	合格率
主控项目	1		钢筋的数量、规格尺寸、安装位置	符合质量标准和设计的要求	钢筋数量、规格尺寸、安装位置，符合质量标准和设计要求		/	100%
	2		钢筋接头的力学性能	符合规范要求和国家及行业有关规定	符合规范要求和国家及行业有关规定		/	100%
	3		焊接接头和焊缝外观	不允许有裂缝、脱焊点、漏焊点，表面平顺，没有明显的咬边、凹陷、气孔等，钢筋不应有明显烧伤	无裂缝、脱焊点、漏焊点，表面平顺，没有明显的咬边、凹陷、气孔等，钢筋无明显烧伤		/	100%
	4	钢筋连接	电弧焊 帮条对焊接头中心	纵向偏移差不大于 0.5d	d=40mm，横筋偏移实测值为 15.7mm、16.6mm、16.7mm、16.9mm、15.3mm；竖筋偏移实测值为 11.5mm、12.6mm、11.7mm、12.8mm、12.3mm		10	100%
			接头处钢筋轴线的曲折	≤4°	实测值为 3°、2°、3°、1°、4°、3°、2°、3°、1°、4°		10	100%
			焊缝 长度	允许偏差 −0.5d	d=40mm，偏差实测值为 −12mm、−10mm、−13mm、−16mm、−18mm、−15mm、−16mm、−15mm、−12mm、−15mm		10	100%
			焊缝 宽度	允许偏差 −0.1d	d=40mm，偏差实测值为 −2mm、−4mm、−4mm、−2mm、−3mm、0mm、0mm、−4mm、−1mm、−2mm		10	100%
			焊缝 高度	允许偏差 −0.05d	d=40mm，偏差实测值为 −2mm、−1mm、0mm、0mm、−2mm、−2mm、−1mm、−1mm、−1mm、0mm		10	100%
			表面气孔夹渣	在 2d 长度上数量不多于 2 个；气孔、夹渣的直径不大于 3mm	横筋 3.2cm、竖筋 2.4cm 表面气孔夹渣数量少于 2 个；气孔、夹渣的直径不大于 3mm		/	100%
		对焊及熔槽焊	焊接接头根部未焊透深度 φ25～40 钢筋	≤0.15d	d=40mm，实测值为 3mm、5mm、2mm、3mm、3mm、1mm、3mm、2mm、4mm、4mm		10	100%
			φ40～70 钢筋	≤0.10d	/		/	/
			接头处钢筋中心线的位移	0.10d 且不大于 2mm	d=40mm，实测值为 1mm、2mm、1mm、0mm、0mm、0mm、2mm、0mm、0mm、0mm		10	100%
			蜂窝、气孔、非金属杂质	焊缝表面（长为 2d）和焊缝截面上不多于 3 个，且每个直径不大于 1.5mm	直径实测值为 1.1mm、1.5mm、1.2mm、0.2mm、0.6mm、0.8mm、0.8mm、0.6mm、0.7mm、1.1mm		10	100%
		绑扎连接	缺扣、松扣	≤20%，且不集中	缺扣、松扣为 17%，且不集中		/	100%
			弯钩朝向正确	符合设计图纸	弯钩朝向符合设计图纸要求		/	100%
			搭接长度	允许偏差 −0.05 设计值	设计值为 36cm，偏差实测值 1.2cm、1.2cm、1.0cm、0.8cm、0.9cm、1.0cm、1.3cm、1.5cm、1.5cm、1.3cm		10	100%

项次	检验项目			质量要求	检查记录	合格数	合格率
主控项目	4	钢筋机械连接	带肋钢筋冷挤压连接接头	压痕处套筒外形尺寸	挤压后套筒长度应为原套筒长度的1.10～1.15倍，或压痕处套筒的外径波动范围为0.8～0.9的原套筒外径	/	/	/
				挤压道次	符合型式检验结果	挤压道次符合型式检验结果	/	100%
				接头弯折	≤4°	实测值为3°、2°、3°、1°、4°、3°、2°、3°、1°、4°	10	100%
				裂缝检查	挤压后肉眼观察无裂缝	挤压后肉眼观察无裂缝现象，符合质量标准和设计要求	/	100%
			直（锥）螺纹连接接头	丝头外观质量	保护良好，无锈蚀和油污，牙形饱满光滑	丝头外观保护良好，无锈蚀和油污，牙形饱满光滑，符合质量标准和设计要求	/	100%
				套头外观质量	无裂纹或其他肉眼可见缺陷	套头外观无裂纹或其他肉眼可见缺陷，符合质量标准和设计要求	/	100%
				外露丝扣	无1扣以上完整丝扣外露	外露丝扣无1扣以上完整丝扣外露，符合质量标准和设计要求	/	100%
				螺纹匹配	丝头螺纹与套筒螺纹满足连接要求，螺纹结合紧密，无明显松动，以及相应处理方法得当	丝头螺纹与套筒螺纹满足连接要求，螺纹结合紧密，无明显松动，以及相应处理方法得当，符合质量标准和设计要求	/	100%
	5	钢筋间距			无明显过大过小的现象	钢筋间距无明显过大过小的现象，符合质量标准和设计要求	/	100%
	6	保护层厚度			允许偏差±1/4净保护层厚度	保护层厚度设计值为40mm，偏差实测值为7.9mm、7.5mm、8.2mm、8.6mm、9.5mm	5	100%
一般项目	1	钢筋长度方向			允许偏差±1/2净保护层厚度	保护层厚度设计值为40mm，偏差实测值为16mm、18mm、16mm、14mm、13mm	5	100%
	2	同一排受力钢筋间距	排架、柱、梁		允许偏差±0.5d	d=40mm，偏差实测值为−20mm、−10mm、0mm、20mm、0mm	5	100%
			板、墙		允许偏差±0.1间距	间距设计值为20cm，偏差实测值为−1cm、−2cm、0cm、0cm、−2cm	5	100%
	3	双排钢筋，其排与排间距			允许偏差±0.1排距	排距设计值为20cm，偏差实测值为0cm、−2cm、−1cm、−1cm、−1cm	5	100%
	4	梁与柱中箍筋间距			允许偏差±0.1箍筋间距	箍筋间距设计值为20cm，偏差实测值为−2cm、1cm、1cm、−1cm、0cm	5	100%

施工单位自评意见	主控项目检验点全部合格，一般项目逐项检验点的合格率均不小于 __90.0__ ％，且不合格点不集中分布，各项报验资料 __符合__ SL 632—2012 的要求。 工序质量等级评定为：__优良__。 <div align="right">×××（签字，加盖公章） 2015 年 5 月 18 日</div>
监理单位复核意见	经复核，主控项目检验点全部合格，一般项目逐项检验点的合格率均不小于 __90.0__ ％，且不合格点不集中分布，各项报验资料 __符合__ SL 632—2012 的要求。 工序质量等级评定为：__优良__。 <div align="right">×××（签字，加盖公章） 2015 年 5 月 18 日</div>

表7.3 预应力混凝土钢筋制作及安装工序施工质量验收评定表
填 表 要 求

填表时必须遵守"填表基本规定",并应符合下列要求。

钢筋进场时应逐批(炉号)进行检验,应查验产品合格证、出厂检验报告和外观质量并记录,并按相关规定抽取试样进行力学性能检验,不符合标准规定的不应使用。

1. 单位工程、分部工程、单元工程名称及部位填写应与表7相同。

2. 各检验项目的检验方法及检验数量按表7-3的要求执行。

表7-3 预应力混凝土钢筋制作及安装检验

检验项目				检验方法	检验数量
钢筋的数量、规格尺寸、安装位置				对照设计文件检查	全数
钢筋接头的力学性能				对照仓号在结构上取样测试	焊接200个接头检测1组,机械连接500个接头检测1组
焊接接头和焊缝外观				观察并记录	不少于10个点
钢筋连接	电弧焊	帮条对焊接头中心		观察、量测	每项不少于10个点
		接头处钢筋轴线的曲折			
		焊缝	长度		
			宽度		
			高度		
		表面气孔夹渣			
	对焊及熔槽焊	焊接接头根部未焊透深度	$\phi25\sim40$钢筋		
			$\phi40\sim70$钢筋		
		接头处钢筋中心线的位移			
		蜂窝、气孔、非金属杂质			
	绑扎连接	缺扣、松扣			
		弯钩朝向正确		观察	
		搭接长度		量测	
	机械连接	带肋钢筋冷挤压连接接头	压痕处套筒外形尺寸	观察、量测	
			挤压道次		
			接头弯折		
			裂缝检查		
		直(锥)螺纹连接接头	丝头外观质量		
			套头外观质量		
			外露丝扣		
			螺纹匹配		
钢筋间距				观察、量测	每项不少于10个点
保护层厚度					
钢筋长度方向					
同一排受力钢筋间距	排架、柱、梁				每项不少于5个点
	板、墙				
双排钢筋,其排与排间距					
梁与柱中箍筋间距					每项不少于10个点

3. 工序施工质量验收评定应提交下列资料。

（1）施工单位各班（组）初检记录、施工队复检记录、施工单位专职质检员终检记录、工序中各施工质量检验项目的检验资料。

（2）监理单位对工序中施工质量检验项目的平行检测资料。

4. 工序质量标准。

（1）合格等级标准。

1）主控项目，检验结果应全部符合 SL 632—2012 的要求。

2）一般项目，逐项应有 70％及以上的检验点合格，且不合格点不应集中分布。

3）各项报验资料应符合 SL 632—2012 的要求。

（2）优良等级标准。

1）主控项目，检验结果应全部符合 SL 632—2012 的要求。

2）一般项目，逐项应有 90％及以上的检验点合格，且不合格点不应集中分布。

3）各项报验资料应符合 SL 632—2012 的要求。

表 7.4 预应力混凝土预埋件制作及安装工序施工质量验收评定表（样表）

单位工程名称				工序编号						
分部工程名称				施工单位						
单元工程名称、部位				施工日期		年　月　日至　　年　月　日				
项次		检验项目		质量要求		检查记录			合格数	合格率	

项次			检验项目		质量要求	检查记录	合格数	合格率
止水片、止水带	主控项目	1	片（带）外观		表面平整，无浮皮、锈污、油渍、砂眼、钉孔、裂纹等			
		2	基座		符合设计要求（按基础面要求验收合格）			
		3	片（带）插入深度		符合设计要求			
		4	沥青井（柱）		位置准确、牢固，上下层衔接好，电热元件及绝热材料埋设准确，沥青填塞密实			
		5	接头		符合工艺要求			
	一般项目	1	片（带）偏差	宽度	允许偏差±5mm			
				高度	允许偏差±2mm			
				长度	允许偏差±20mm			
		2	搭接长度	金属止水片	≥20mm，双面焊接			
				橡胶、PVC止水带	≥100mm			
				金属止水片与PVC止水带接头栓接长度	≥350mm（螺栓栓接法）			
		3	片（带）中心线与接缝中心线安装偏差		允许偏差±5mm			
伸缩缝（填充材料）	主控项目	1	伸缩缝缝面		平整、顺直、干燥，外露铁件应割除，确保伸缩有效			
	一般项目	1	涂敷沥青料		涂刷均匀平整、与混凝土黏结紧密，无气泡及隆起现象			
		2	粘贴沥青油毛毡		铺设厚度均匀平整、牢固、搭接紧密			
		3	铺设预制油毡板或其他闭缝板		铺设厚度均匀平整、牢固、相邻块安装紧密平整无缝			

项次			检验项目		质量要求	检查记录	合格数	合格率
排水系统	主控项目	1	孔口装置		按设计要求加工、安装，并进行防锈处理，安装牢固，不应有渗水、漏水现象			
		2	排水管通畅性		通畅			
	一般项目	1	排水孔倾斜度		允许偏差 4%			
		2	排水孔（管）位置		允许偏差 100mm			
		3	基岩排水孔	倾斜度 孔深不小于 8m	允许偏差 1%			
				倾斜度 孔深小于 8m	允许偏差 2%			
				深度	允许偏差 ±0.5%			
冷却及灌浆管路	主控项目	1	管路安装		安装牢固、可靠，接头不漏水、不漏气、无堵塞			
	一般项目	1	管路出口		露出模板外 300～500mm，妥善保护，有识别标志			
铁件	主控项目	1	高程、方位、埋入深度及外露长度等		符合设计要求			
	一般项目	1	铁件外观		表面无锈皮、油污等			
		2	锚筋钻孔位置	梁、柱的锚筋	允许偏差 20mm			
				钢筋网的锚筋	允许偏差 50mm			
		3	钻孔底部的孔径		锚筋直径 d＋20mm			
		4	钻孔深度		符合设计要求			
		5	钻孔的倾斜度相对设计轴线		允许偏差 5%（在全孔深度范围内）			
施工单位自评意见			主控项目检验点全部合格，一般项目逐项检验点的合格率均不小于_____%，且不合格点不集中分布，各项报验资料_____SL 632—2012 的要求。 工序质量等级评定为：_____。 （签字，加盖公章） 年　　月　　日					
监理单位复核意见			经复核，主控项目检验点全部合格，一般项目逐项检验点的合格率均不小于_____%，且不合格点不集中分布，各项报验资料_____SL 632—2012 的要求。 工序质量等级评定为：_____。 （签字，加盖公章） 年　　月　　日					

＿＿＿×××水电站＿＿＿ 工程

表7.4 预应力混凝土预埋件制作及安装工序施工质量验收评定表（实例）

单位工程名称	泄洪工程			工序编号	XH-YHD-GZ-04		
分部工程名称	溢洪道控制段			施工单位	×××工程局有限公司		
单元工程名称、部位	工作桥			施工日期	2015年5月19日至2015年5月19日		

项次			检验项目	质量要求	检查记录	合格数	合格率
止水片、止水带	主控项目	1	片（带）外观	表面平整，无浮皮、锈污、油渍、砂眼、钉孔、裂纹等	止水带表面平整，无浮皮、锈污、油渍、砂眼、钉孔、裂纹等符合质量标准和设计要求	/	100%
		2	基座	符合设计要求（按基础面要求验收合格）	基座符合质量标准和设计要求	/	100%
		3	片（带）插入深度	符合设计要求	止水带插入深度符合质量标准和设计要求	/	100%
		4	沥青井（柱）	位置准确、牢固，上下层衔接好，电热元件及绝热材料埋设准确，沥青填塞密实	沥青井位置准确、牢固，上下层衔接好，电热元件及绝热材料埋设准确，沥青填塞密实，符合质量标准和设计要求	/	100%
		5	接头	符合工艺要求	接头符合工艺要求、质量标准和设计要求	/	100%
	一般项目	1	片（带）偏差 宽度	允许偏差±5mm	偏差实测值为2mm、1mm、-2mm	3	100%
			片（带）偏差 高度	允许偏差±2mm	偏差实测值为1mm、-2mm、1mm	3	100%
			片（带）偏差 长度	允许偏差±20mm	偏差实测值为2mm、2mm、1mm	3	100%
		2	搭接长度 金属止水片	≥20mm，双面焊接	实测值为26mm	1	100%
			搭接长度 橡胶、PVC止水带	≥100mm	实测值为105mm	1	100%
			搭接长度 金属止水片与PVC止水带接头栓接长度	≥350mm（螺栓栓接法）	实测值为360mm	1	100%
		3	片（带）中心线与接缝中心线安装偏差	允许偏差±5mm	偏差实测值为0mm	1	100%
伸缩缝（填充材料）	主控项目	1	伸缩缝缝面	平整、顺直、干燥，外露铁件应割除，确保伸缩有效	缝面平整、顺直、干燥，外漏铁件已割除	/	100%
	一般项目	1	涂敷沥青料	涂刷均匀平整、与混凝土黏结紧密，无气泡及隆起现象	沥青料涂刷均匀平整、与混凝土黏结紧密，无气泡及隆起现象	/	100%
		2	粘贴沥青油毛毡	铺设厚度均匀平整、牢固，搭接紧密	沥青油毛毡铺设厚度均匀平整、牢固，搭接紧密	/	100%
		3	铺设预制油毡板或其他闭缝板	铺设厚度均匀平整、牢固、相邻块安装紧密平整无缝	铺设厚度均匀平整、牢固、相邻块安装密实平整无缝	/	100%

156

项次			检验项目		质量要求	检查记录	合格数	合格率
排水系统	主控项目	1	孔口装置		按设计要求加工、安装，并进行防锈处理，安装牢固，不应有渗水、漏水现象	孔口装置加工、安装，已进行防锈处理，安装牢固，无渗水、漏水现象，符合质量标准和设计要求	/	100%
		2	排水管通畅性		通畅	排水管通畅	/	100%
	一般项目	1	排水孔倾斜度		允许偏差4‰	偏差实测值为5‰、6‰、6‰、5‰、7‰、7‰、6‰、5‰、6‰、7‰、7‰、7‰、6‰、5‰	14	100%
		2	排水孔（管）位置		允许偏差100mm	偏差实测值155mm、152mm、153mm、149mm、149mm、150mm、150mm、155mm、155mm、160mm、157mm、155mm、153mm、153mm	14	100%
		3	基岩排水孔	倾斜度 孔深不小于8m	允许偏差1%	偏差实测值为0.8%、0.6%、0.8%、0.7%、0.7%、0.5%、0.8%、0.6%、0.5%、0.6%、0.6%、0.6%、0.5%、0.5%	14	100%
				倾斜度 孔深小于8m	允许偏差2%	偏差实测值1.6%、1.5%、1.6%、1.8%、1.5%、1.5%、1.6%、1.8%、1.2%、1.5%、1.7%、1.5%、1.6%、1.6%	14	100%
				深度	允许偏差±0.5%	深度设计值为5m，偏差实测值为0.2%、0.4%、0.4%、0.4%、0%、0%、−0.2%、−0.2%、−0.2%、0%、0.4%、0.4%、0.4%、−0.2%	14	100%
冷却及灌浆管路	主控项目	1	管路安装		安装牢固、可靠，接头不漏水、不漏气、无堵塞	管路安装牢固、可靠、通气、通水，接头不漏水、不漏气、无堵塞	/	100%
	一般项目	1	管路出口		露出模板外300～500mm，妥善保护，有识别标志	管路出口露出模板外300mm，已妥善保护，有识别标志	/	100%
铁件	主控项目	1	高程、方位、埋入深度及外露长度等		符合设计要求	锚筋垂直岩面设置，间排距2.5m，埋入深度3.9m，外露长度60cm，符合设计要求	/	100%
	一般项目	1	铁件外观		表面无锈皮、油污等	钢筋表面无锈皮、油污等	/	100%
		2	锚筋钻孔位置	梁、柱的锚筋	允许偏差20mm	偏差实测值为15mm、20mm、20mm、18mm、18mm、20mm、20mm、15mm、14mm、16mm	10	100%
				钢筋网的锚筋	允许偏差50mm	偏差实测值为35mm、29mm、31mm、36mm、25mm、27mm、52mm、21mm、15mm、16mm	9	90.0%
		3	钻孔底部的孔径		锚筋直径d+20mm	实测值为47mm、48mm、48mm、47mm、49mm	5	100%
		4	钻孔深度		符合设计要求	实测值为3.9m、4.0m、3.9m、4.1m、4.2m	5	100%
		5	钻孔的倾斜度相对设计轴线		允许偏差5%（在全孔深度范围内）	偏差实测值为2%、1%、4%、2%、3%	5	100%
施工单位自评意见					主控项目检验点全部合格，一般项目逐项检验点的合格率均不小于 __90.0__ %，且不合格点不集中分布，各项报验资料 __符合__ SL 632—2012 的要求。 工序质量等级评定为：__优良__。 ×××（签字，加盖公章） 2005 年 5 月 19 日			
监理单位复核意见					经复核，主控项目检验点全部合格，一般项目逐项检验点的合格率均不小于 __90.0__ %，且不合格点不集中分布，各项报验资料 __符合__ SL 632—2012 的要求。 工序质量等级评定为：__优良__。 ×××（签字，加盖公章） 2015 年 5 月 19 日			

表7.4 预应力混凝土预埋件制作及安装工序施工质量验收评定表
填 表 要 求

填表时必须遵守"填表基本规定",并应符合下列要求。

1. 预埋件的结构型式、位置、尺寸及材料的品种、规格、性能等应符合设计要求和有关标准。所有预埋件都应进行材质证明检查,需要抽检的材料应按有关规范进行。

2. 单位工程、分部工程、单元工程名称及部位填写应与表7相同。

3. 各检验项目的检验方法及检验数量按表7-4的要求执行。

表7-4　　　　　　　　　　预应力混凝土预埋件制作及安装检验

检验项目			检验方法	检验数量
止水片、止水带	片(带)外观		观察	所有外露止水片(带)
	基座			不少于5个点
	片(带)插入深度		检查、量测	不少于1个点
	沥青井(柱)		观察	检查3~5个点
	接头		检查	全数
	片(带)偏差	宽度	量测	检查3~5个点
		高度		
		长度		
	搭接长度	金属止水片		每个焊接处
		橡胶、PVC止水带		
		金属止水片与PVC止水带接头栓接长度		每个连接带
	片(带)中心线与接缝中心线安装偏差			检查1~2个点
伸缩缝(填充材料)	伸缩缝缝面		观察	全部
	涂敷沥青料			
	粘贴沥青油毛毡			
	铺设预制油毡板或其他闭缝板			
排水系统	孔口装置		观察、量测	全部
	排水管通畅性		观察	
	排水孔倾斜度		量测	全数
	排水孔(管)位置			
	基岩排水孔	倾斜度	孔深不小于8m	量测	全部
			孔深小于8m		
		深度		
冷却及灌浆管路	管路安装		通气、通水	所有接头
	管路出口		观察	全部

检验项目			检验方法	检验数量
铁件	高程、方位、埋入深度及外露长度等		对照图纸现场观察、查阅施工记录、量测	全部
	铁件外观		观察	
	锚筋钻孔位置	梁、柱的锚筋	量测	
		钢筋网的锚筋		
	钻孔底部的孔径			
	钻孔深度			
	钻孔的倾斜度相对设计轴线			

4. 工序施工质量验收评定应提交下列资料。

(1) 施工单位各班（组）初检记录、施工队复检记录、施工单位专职质检员终检记录、工序中各施工质量检验项目的检验资料。

(2) 监理单位对工序中施工质量检验项目的平行检测资料。

5. 工序质量标准。

(1) 合格等级标准。

1) 主控项目，检验结果应全部符合 SL 632—2012 的要求。

2) 一般项目，逐项应有 70％及以上的检验点合格，且不合格点不应集中分布。

3) 各项报验资料应符合 SL 632—2012 的要求。

(2) 优良等级标准。

1) 主控项目，检验结果应全部符合 SL 632—2012 的要求。

2) 一般项目，逐项应有 90％及以上的检验点合格，且不合格点不应集中分布。

3) 各项报验资料应符合 SL 632—2012 的要求。

表 7.5 　　　　　　　**预应力混凝土浇筑工序施工质量验收评定表（样表）**

单位工程名称				工序编号			
分部工程名称				施工单位			
单元工程名称、部位				施工日期	年　月　日至　　年　月　日		
项次		检验项目	质量要求	检查记录		合格数	合格率
主控项目	1	入仓混凝土料	无不合格料入仓。如有少量不合格料入仓，应及时处理至达到要求				
	2	平仓分层	厚度不大于振捣棒有效长度的90%，铺设均匀，分层清楚，无骨料集中现象				
	3	混凝土振捣	振捣器垂直插入下层5cm，有次序，间距、留振时间合理，无漏振、无超振				
	4	铺筑间歇时间	符合要求，无初凝现象				
	5	浇筑温度（指有温控要求的混凝土）	满足设计要求				
	6	混凝土养护	表面保持湿润；连续养护时间基本满足设计要求				
一般项目	1	砂浆铺筑	厚度宜为2～3cm，均匀平整，无漏铺				
	2	积水和泌水	无外部水流入，泌水排除及时				
	3	插筋、管路等埋设件以及模板的保护	保护好，符合设计要求				
	4	混凝土表面保护	保护时间、保温材料质量符合设计要求				
	5	脱模	脱模时间符合施工技术规范或设计要求				
施工单位自评意见	主控项目检验点全部合格，一般项目逐项检验点的合格率均不小于_____%，且不合格点不集中分布，各项报验资料_____SL 632—2012的要求。 工序质量等级评定为：_____。 （签字，加盖公章） 年　　月　　日						
监理单位复核意见	经复核，主控项目检验点全部合格，一般项目逐项检验点的合格率均不小于_____%，且不合格点不集中分布，各项报验资料_____SL 632—2012的要求。 工序质量等级评定为：_____。 （签字，加盖公章） 年　　月　　日						

表 7.5　　　预应力混凝土浇筑工序施工质量验收评定表（实例）

单位工程名称	泄洪工程	工序编号	XH－YHD－GZ－05
分部工程名称	溢洪道控制段	施工单位	×××工程局有限公司
单元工程名称、部位	工作桥	施工日期	2015 年 5 月 20 日至 2015 年 5 月 20 日

项次		检验项目	质量要求	检查记录	合格数	合格率
主控项目	1	入仓混凝土料	无不合格料入仓。如有少量不合格料入仓，应及时处理至达到要求	无不合格料入仓	/	100%
	2	平仓分层	厚度不大于振捣棒有效长度的 90%，铺设均匀，分层清楚，无骨料集中现象	厚度不大于振捣棒有效长度的 90%，铺设均匀，分层清楚，无骨料集中现象	/	100%
	3	混凝土振捣	振捣器垂直插入下层 5cm，有次序，间距、留振时间合理，无漏振、无超振	振捣器垂直插入下层 5cm，有次序，间距、留振时间合理，无漏振、无超振	/	100%
	4	铺筑间歇时间	符合要求，无初凝现象	混凝土无初凝现象	/	100%
	5	浇筑温度（指有温控要求的混凝土）	满足设计要求	浇筑温度满足设计要求	/	100%
	6	混凝土养护	表面保持湿润；连续养护时间基本满足设计要求	连续养护时间满足设计要求	/	100%
一般项目	1	砂浆铺筑	厚度宜为 2～3cm，均匀平整，无漏铺	砂浆铺筑厚度为 2cm，均匀平整，无漏铺	/	100%
	2	积水和泌水	无外部水流入，泌水排除及时	无外部水流入，泌水排除及时	/	100%
	3	插筋、管路等埋设件以及模板的保护	保护好，符合设计要求	钢筋及模板的保护，符合设计要求	/	100%
	4	混凝土表面保护	保护时间、保温材料质量符合设计要求	混凝土表面保护保护时间、保温材料质量符合设计要求	/	100%
	5	脱模	脱模时间符合施工技术规范或设计要求	脱模时间符合设计要求	/	100%

施工单位自评意见	主控项目检验点全部合格，一般项目逐项检验点的合格率均不小于 __90.0__ %，且不合格点不集中分布，各项报验资料 __符合__ SL 632—2012 的要求。 　　工序质量等级评定为：__优良__ 。 ×××（签字，加盖公章） 2015 年 5 月 20 日
监理单位复核意见	经复核，主控项目检验点全部合格，一般项目逐项检验点的合格率均不小于 __90.0__ %，且不合格点不集中分布，各项报验资料 __符合__ SL 632—2012 的要求。 　　工序质量等级评定为：__优良__ 。 ×××（签字，加盖公章） 2015 年 5 月 20 日

表7.5　预应力混凝土浇筑工序施工质量验收评定表

填 表 要 求

填表时必须遵守"填表基本规定"，并应符合下列要求。

1. 单位工程、分部工程、单元工程名称及部位填写应与表7相同。

2. 各检验项目的检验方法及检验数量按表7-5的要求执行。

表 7-5　　　　　　　　　　　预应力混凝土浇筑检验

检验项目	检验方法	检验数量
入仓混凝土料	观察	不少于入仓总次数的50%
平仓分层	观察、量测	全部
混凝土振捣	在混凝土浇筑过程中全部检查	
铺筑间歇时间	在混凝土浇筑过程中全部检查	
浇筑温度（指有温控要求的混凝土）	温度计测量	
混凝土养护	观察	
砂浆铺筑		
积水和泌水		
插筋、管路等埋设件以及模板的保护	观察、量测	
混凝土表面保护	观察	
脱模	观察或查阅施工记录	不少于脱模总次数的30%

3. 工序施工质量验收评定应提交下列资料。

（1）施工单位各班（组）初检记录、施工队复检记录、施工单位专职质检员终检记录、工序中各施工质量检验项目的检验资料。

（2）监理单位对工序中施工质量检验项目的平行检测资料。

4. 工序质量标准。

（1）合格等级标准。

1）主控项目，检验结果应全部符合 SL 632—2012 的要求。

2）一般项目，逐项应有70%及以上的检验点合格，且不合格点不应集中分布。

3）各项报验资料应符合 SL 632—2012 的要求。

（2）优良等级标准。

1）主控项目，检验结果应全部符合 SL 632—2012 的要求。

2）一般项目，逐项应有90%及以上的检验点合格，且不合格点不应集中分布。

3）各项报验资料应符合 SL 632—2012 的要求。

表7.6　　预应力筋孔道预留工序施工质量验收评定表（样表）

单位工程名称			工序编号				
分部工程名称			施工单位				
单元工程名称、部位			施工日期	年　月　日至　年　月　日			
项次	检验项目		质量要求	检查记录		合格数	合格率
主控项目	1	孔道位置	位置和间距符合设计要求				
	2	孔道数量	符合设计要求				
	3	孔口承压钢垫板尺寸及强度	几何尺寸、结构强度应满足设计要求				
一般项目	1	造孔	埋管的管模应架立牢靠，并加妥善保护；拔管时间应通过现场试验确定				
	2	孔径	符合设计要求				
	3	孔道的通畅性	孔道通畅、平顺；接头应严密且不应漏浆				
	4	孔口承压钢垫板	垂直度	承压面与锚孔轴线应保持垂直，其误差不应大于0.5°			
			位置	孔道中心线应与锚孔轴线重合			
			牢固度	承压钢垫板底部混凝土或水泥砂浆充填密实，安装牢固			
	5	灌浆孔和泌水孔的设置	数量、位置、规格符合设计要求；连接通畅				
	6	环锚预留槽	喇叭管中心线应与槽板垂直				
施工单位自评意见	主控项目检验点全部合格，一般项目逐项检验点的合格率均不小于_____%，且不合格点不集中分布，各项报验资料_____SL 632—2012的要求。 　　工序质量等级评定为：_____。 （签字，加盖公章） 年　　月　　日						
监理单位复核意见	经复核，主控项目检验点全部合格，一般项目逐项检验点的合格率均不小于_____%，且不合格点不集中分布，各项报验资料_____SL 632—2012的要求。 　　工序质量等级评定为：_____。 （签字，加盖公章） 年　　月　　日						

表 7.6　　　　预应力筋孔道预留工序施工质量验收评定表（实例）

单位工程名称	泄洪工程		工序编号	XH-YHD-GZ-06		
分部工程名称	溢洪道控制段		施工单位	×××工程局有限公司		
单元工程名称、部位	工作桥		施工日期	2015 年 5 月 21 日至 2015 年 5 月 21 日		
项次		检验项目	质量要求	检查记录	合格数	合格率
主控项目	1	孔道位置	位置和间距符合设计要求	孔道位置和间距符合设计要求	/	100%
	2	孔道数量	符合设计要求	孔道数量符合设计要求	/	100%
	3	孔口承压钢垫板尺寸及强度	几何尺寸、结构强度应满足设计要求	孔口承压钢垫板尺寸及强度满足设计要求	/	100%
一般项目	1	造孔	埋管的管模应架立牢靠，并加妥善保护；拔管时间应通过现场试验确定	造孔埋管的管模架立牢靠，已妥善保护；拔管时间通过现场试验确定	/	100%
	2	孔径	符合设计要求	孔径符合设计要求	/	100%
	3	孔道的通畅性	孔道通畅、平顺；接头应严密且不应漏浆	孔道通畅、平顺；接头严密不漏浆	/	100%
	4	孔口承压钢垫板 垂直度	承压面与锚孔轴线应保持垂直，其误差不应大于 0.5°	承压面与锚孔轴线垂直度不大于 0.5°	/	100%
		位置	孔道中心线应与锚孔轴线重合	孔道中心线与锚孔轴线重合	/	100%
		牢固度	承压钢垫板底部混凝土或水泥砂浆充填密实，安装牢固	承压钢垫板底部混凝土充填密实，安装牢固	/	100%
	5	灌浆孔和泌水孔的设置	数量、位置、规格符合设计要求；连接通畅	灌浆孔和泌水孔数量、位置、规格符合设计要求；连接通畅	/	100%
	6	环锚预留槽	喇叭管中心线应与槽板垂直	喇叭管中心线与槽板垂直	/	100%
施工单位自评意见	主控项目检验点全部合格，一般项目逐项检验点的合格率均不小于 __90.0__ %，且不合格点不集中分布，各项报验资料 __符合__ SL 632—2012 的要求。 　　工序质量等级评定为：__优良__。 　　　　　　　　　　　　　　　　　×××（签字，加盖公章） 　　　　　　　　　　　　　　　　　2015 年 5 月 21 日					
监理单位复核意见	经复核，主控项目检验点全部合格，一般项目逐项检验点的合格率均不小于 __90.0__ %，且不合格点不集中分布，各项报验资料 __符合__ SL 632—2012 的要求。 　　工序质量等级评定为：__优良__。 　　　　　　　　　　　　　　　　　×××（签字，加盖公章） 　　　　　　　　　　　　　　　　　2015 年 5 月 21 日					

表7.6 预应力筋孔道预留工序施工质量验收评定表
填 表 要 求

填表时必须遵守"填表基本规定",并应符合下列要求。

1. 单位工程、分部工程、单元工程名称及部位填写应与表7相同。

2. 各检验项目的检验方法及检验数量按表7-6的要求执行。

表7-6   预应力筋孔道预留检验

检验项目		检验方法	检验数量
孔道位置		观察、量测	
孔道数量			
孔口承压钢垫板尺寸及强度		量测	
造孔		观察	
孔径		量测	
孔道的通畅性		观察、测试	全数
孔口承压钢垫板	垂直度	量测	
	位置		
	牢固度	观察	
灌浆孔和泌水孔的设置		观察、量测	
环锚预留槽			

3. 工序施工质量验收评定应提交下列资料。

(1) 施工单位各班(组)初检记录、施工队复检记录、施工单位专职质检员终检记录、工序中各施工质量检验项目的检验资料。

(2) 监理单位对工序中施工质量检验项目的平行检测资料。

4. 工序质量标准。

(1) 合格等级标准。

1) 主控项目,检验结果应全部符合 SL 632—2012 的要求。

2) 一般项目,逐项应有 70% 及以上的检验点合格,且不合格点不应集中分布。

3) 各项报验资料应符合 SL 632—2012 的要求。

(2) 优良等级标准。

1) 主控项目,检验结果应全部符合 SL 632—2012 的要求。

2) 一般项目,逐项应有 90% 及以上的检验点合格,且不合格点不应集中分布。

3) 各项报验资料应符合 SL 632—2012 的要求。

_____工程

表 7.7　　　预应力筋制作及安装工序施工质量验收评定表（样表）

单位工程名称				工序编号			
分部工程名称				施工单位			
单元工程名称、部位				施工日期		年　月　日至　　年　月　日	
项次		检验项目	质量要求	检查记录		合格数	合格率
主控项目	1	锚具、夹具、连接器的质量	符合 GB/T 14370 和设计要求				
一般项目	1	预应力筋制作	当钢丝束两端采用镦头锚具时，各根钢丝长度差不大于下料长度的 1/5000，且不应超过 5mm；下料时应采用机械切割机切割，不应采用电弧切割，其他类型锚头的锚束下料长度与切割方法，应按施工要求选定				
	2	安装	预应力筋束号应与孔号一致				
	3	无黏结预应力筋的铺设	预应力筋应定位准确、安装牢固，浇筑混凝土时不应出现移位和变形；护套应完整				
施工单位自评意见	主控项目检验点全部合格，一般项目逐项检验点的合格率均不小于_____%，且不合格点不集中分布，各项报验资料_____SL 632—2012 的要求。 　　工序质量等级评定为：_____。 （签字，加盖公章） 年　　月　　日						
监理单位复核意见	经复核，主控项目检验点全部合格，一般项目逐项检验点的合格率均不小于_____%，且不合格点不集中分布，各项报验资料_____SL 632—2012 的要求。 　　工序质量等级评定为：_____。 （签字，加盖公章） 年　　月　　日						

166

表 7.7　　　预应力筋制作及安装工序施工质量验收评定表（实例）

单位工程名称	泄洪工程	工序编号	XH－YHD－GZ－07			
分部工程名称	溢洪道控制段	施工单位	×××工程局有限公司			
单元工程名称、部位	工作桥	施工日期	2015 年 5 月 22 日至 2015 年 5 月 22 日			
项次		检验项目	质量要求	检查记录	合格数	合格率
主控项目	1	锚具、夹具、连接器的质量	符合 GB/T 14370 和设计要求	锚具、夹具、连接器的质量符合 GB/T 14370 和设计要求	/	100%
一般项目	1	预应力筋制作	当钢丝束两端采用镦头锚具时，各根钢丝长度差不大于下料长度的 1/5000，且不应超过 5mm；下料时采用机械切割机切割，不应采用电弧切割，其他类型锚头的锚束下料长度与切割方法，应按施工要求选定	预应力筋制作符合质量标准和设计要求	/	100%
	2	安装	预应力筋束号应与孔号一致	安装的预应力筋束号与孔号一致	/	100%
	3	无黏结预应力筋的铺设	预应力筋应定位准确、安装牢固，浇筑混凝土时不应出现移位和变形；护套应完整	无黏结预应力筋定位准确、安装牢固，浇筑混凝土时无移位和变形；护套完整	/	100%
施工单位自评意见	主控项目检验点全部合格，一般项目逐项检验点的合格率均不小于 __90.0__ ％，且不合格点不集中分布，各项报验资料 __符合__ SL 632—2012 的要求。 工序质量等级评定为：__优良__。 　　　　　　　　　　　　　　　×××（签字，加盖公章） 　　　　　　　　　　　　　　　2015 年 5 月 22 日					
监理单位复核意见	经复核，主控项目检验点全部合格，一般项目逐项检验点的合格率均不小于 __90.0__ ％，且不合格点不集中分布，各项报验资料 __符合__ SL 632—2012 的要求。 工序质量等级评定为：__优良__。 　　　　　　　　　　　　　　　×××（签字，加盖公章） 　　　　　　　　　　　　　　　2015 年 5 月 22 日					

表 7.7 预应力筋制作及安装工序施工质量验收评定表
填 表 要 求

填表时必须遵守"填表基本规定",并应符合下列要求。

1. 单位工程、分部工程、单元工程名称及部位填写应与表 7 相同。

2. 各检验项目的检验方法及检验数量按表 7-7 的要求执行。

表 7-7 　　　　　　　　　　　　　预应力筋制作及安装检验

检验项目	检验方法	检验数量
锚具、夹具、连接器的质量	试验、查看试验报告、观察	每批外观检查 10%,硬度检查 5%,静载试验 3 套;硬度检查要求同一部件应不少于 3 个点
预应力筋制作	观察、量测	全数
安装	观察	
无黏结预应力筋的铺设	观察、量测	

3. 工序施工质量验收评定应提交下列资料。

(1) 施工单位各班(组)初检记录、施工队复检记录、施工单位专职质检员终检记录、工序中各施工质量检验项目的检验资料。

(2) 监理单位对工序中施工质量检验项目的平行检测资料。

4. 工序质量标准。

(1) 合格等级标准。

1) 主控项目,检验结果应全部符合 SL 632—2012 的要求。

2) 一般项目,逐项应有 70% 及以上的检验点合格,且不合格点不应集中分布。

3) 各项报验资料应符合 SL 632—2012 的要求。

(2) 优良等级标准。

1) 主控项目,检验结果应全部符合 SL 632—2012 的要求。

2) 一般项目,逐项应有 90% 及以上的检验点合格,且不合格点不应集中分布。

3) 各项报验资料应符合 SL 632—2012 的要求。

表 7.8　　　　　预应力筋张拉工序施工质量验收评定表（样表）

单位工程名称			工序编号		
分部工程名称			施工单位		
单元工程名称、部位			施工日期	年　月　日至　　年　月　日	

项次		检验项目	质量要求	检查记录	合格数	合格率
主控项目	1	混凝土抗压强度	预应力筋张拉时，混凝土强度应符合设计要求；当设计无具体要求时，闸墩混凝土抗压强度应达到设计值的 90%，梁板混凝土抗压强度不低于设计值的 70%			
	2	张拉设备	应配套标定，定期率定，且在有效期内使用			
	3	张拉程序	技术指标符合设计要求和规范规定			
一般项目	1	稳压时间	不少于 2min			
	2	外锚头防护	确保防腐脂不外漏			
	3	无黏结型永久防护	措施可靠、耐久，并且有良好的化学稳定性，应符合设计要求			
	4	环锚预留槽回填	回填前对槽内冲洗干净、涂浓水泥浆。回填混凝土强度等级应与衬砌圈混凝土一致			
施工单位自评意见			主控项目检验点全部合格，一般项目逐项检验点的合格率均不小于_____%，且不合格点不集中分布，各项报验资料_____SL 632—2012 的要求。 工序质量等级评定为：_____。 （签字，加盖公章） 年　月　日			
监理单位复核意见			经复核，主控项目检验点全部合格，一般项目逐项检验点的合格率均不小于_____%，且不合格点不集中分布，各项报验资料_____SL 632—2012 的要求。 工序质量等级评定为：_____。 （签字，加盖公章） 年　月　日			

表 7.8　　预应力筋张拉工序施工质量验收评定表（实例）

单位工程名称	泄洪工程		工序编号	XH－YHD－GZ－08		
分部工程名称	溢洪道控制段		施工单位	×××工程局有限公司		
单元工程名称、部位	工作桥		施工日期	2015 年 5 月 23 日至 2015 年 5 月 23 日		
项次		检验项目	质量要求	检查记录	合格数	合格率
主控项目	1	混凝土抗压强度	预应力筋张拉时，混凝土强度应符合设计要求；当设计无具体要求时，闸墩混凝土抗压强度应达到设计值的 90%，梁板混凝土抗压强度不低于设计值的 70%	混凝土抗压强度符合设计要求	/	100%
	2	张拉设备	应配套标定，定期率定，且在有效期内使用	张拉设备符合质量标准和使用要求	/	100%
	3	张拉程序	技术指标符合设计要求和规范规定	张拉程序技术指标符合设计要求和规范规定	/	100%
一般项目	1	稳压时间	不少于 2min	稳压时间 3min	/	100%
	2	外锚头防护	确保防腐脂不外漏	外锚头防护腐脂不外漏	/	100%
	3	无黏结型永久防护	措施可靠、耐久，并且有良好的化学稳定性，应符合设计要求	措施可靠、耐久，有良好的化学稳定性，符合设计要求	/	100%
	4	环锚预留槽回填	回填前对槽内冲洗干净、涂浓水泥浆。回填混凝土强度等级应与衬砌圈混凝土一致	回填前对槽内冲洗干净、涂浓水泥浆。回填混凝土强度等级与衬砌圈混凝土一致	/	100%
施工单位自评意见			主控项目检验点全部合格，一般项目逐项检验点的合格率均不小于 ＿90.0＿%，且不合格点不集中分布，各项报验资料 符合 SL 632—2012 的要求。　　工序质量等级评定为：＿优良＿。 　　　　　　　　　　　　　　　　　　×××（签字，加盖公章） 　　　　　　　　　　　　　　　　　　2015 年 5 月 23 日			
监理单位复核意见			经复核，主控项目检验点全部合格，一般项目逐项检验点的合格率均不小于 ＿90.0＿%，且不合格点不集中分布，各项报验资料 符合 SL 632—2012 的要求。　　工序质量等级评定为：＿优良＿。 　　　　　　　　　　　　　　　　　　×××（签字，加盖公章） 　　　　　　　　　　　　　　　　　　2015 年 5 月 23 日			

表7.8 预应力筋张拉工序施工质量验收评定表
填 表 要 求

填表时必须遵守"填表基本规定",并应符合下列要求。

1. 单位工程、分部工程、单元工程名称及部位填写应与表7相同。

2. 各检验项目的检验方法及检验数量按表7-8的要求执行。

表7-8 预 应 力 筋 张 拉 检 验

检验项目	检验方法	检验数量
混凝土抗压强度	查阅试件试验	全数
张拉设备	观察、检查率定合格证	
张拉程序	观察、量测,检查张拉记录	
稳压时间	量测、检查张拉记录	
外锚头防护	观察	
无黏结型永久防护	观察、检查记录	
环锚预留槽回填		

3. 工序施工质量验收评定应提交下列资料。

(1) 施工单位各班(组)初检记录、施工队复检记录、施工单位专职质检员终检记录、工序中各施工质量检验项目的检验资料。

(2) 监理单位对工序中施工质量检验项目的平行检测资料。

4. 工序质量标准。

(1) 合格等级标准。

1) 主控项目,检验结果应全部符合SL 632—2012的要求。

2) 一般项目,逐项应有70%及以上的检验点合格,且不合格点不应集中分布。

3) 各项报验资料应符合SL 632—2012的要求。

(2) 优良等级标准。

1) 主控项目,检验结果应全部符合SL 632—2012的要求。

2) 一般项目,逐项应有90%及以上的检验点合格,且不合格点不应集中分布。

3) 各项报验资料应符合SL 632—2012的要求。

表 7.9　　有黏结预应力筋灌浆工序施工质量验收评定表（样表）

单位工程名称			工序编号	
分部工程名称			施工单位	
单元工程名称、部位			施工日期	年　月　日至　　年　月　日

项次		检验项目	质量要求	检查记录	合格数	合格率
主控项目	1	浆液质量	水泥浆水灰比宜采用0.3~0.4；水泥砂浆水灰比宜采用0.5			
	2	灌浆质量	封孔灌浆应形成密实的、完整的保护层			
施工单位自评意见		主控项目检验点全部合格，一般项目逐项检验点的合格率均不小于_____%，且不合格点不集中分布，各项报验资料_____SL 632—2012的要求。 　　工序质量等级评定为：_____。 　　　　　　　　　　　　　　　　　　　　　　（签字，加盖公章） 　　　　　　　　　　　　　　　　　　　　　　　年　　月　　日				
监理单位复核意见		经复核，主控项目检验点全部合格，一般项目逐项检验点的合格率均不小于_____%，且不合格点不集中分布，各项报验资料_____SL 632—2012的要求。 　　工序质量等级评定为：_____。 　　　　　　　　　　　　　　　　　　　　　　（签字，加盖公章） 　　　　　　　　　　　　　　　　　　　　　　　年　　月　　日				

表 7.9 有黏结预应力筋灌浆工序施工质量验收评定表（实例）

单位工程名称	泄洪工程	工序编号	XH－YHD－GZ－09		
分部工程名称	溢洪道控制段	施工单位	×××工程局有限公司		
单元工程名称、部位	工作桥	施工日期	2015 年 5 月 24 日至 2015 年 5 月 24 日		

项次		检验项目	质量要求	检查记录	合格数	合格率
主控项目	1	浆液质量	水泥浆水灰比宜采用 0.3～0.4；水泥砂浆水灰比宜采用 0.5	浆液符合质量标准和设计要求	/	100%
	2	灌浆质量	封孔灌浆应形成密实的、完整的保护层	封孔灌浆形成密实的、完整的保护层	/	100%

施工单位自评意见	主控项目检验点全部合格，一般项目逐项检验点的合格率均不小于 __90.0__ ％，且不合格点不集中分布，各项报验资料 __符合__ SL 632—2012 的要求。 工序质量等级评定为：__优良__。 　　　　　　　　　　　　　　×××（签字，加盖公章） 　　　　　　　　　　　　　　2015 年 5 月 24 日
监理单位复核意见	经复核，主控项目检验点全部合格，一般项目逐项检验点的合格率均不小于 __90.0__ ％，且不合格点不集中分布，各项报验资料 __符合__ SL 632—2012 的要求。 工序质量等级评定为：__优良__。 　　　　　　　　　　　　　　×××（签字，加盖公章） 　　　　　　　　　　　　　　2015 年 5 月 24 日

表7.9 有黏结预应力筋灌浆工序施工质量验收评定表

填 表 要 求

填表时必须遵守"填表基本规定",并应符合下列要求。

1. 单位工程、分部工程、单元工程名称及部位填写应与表7相同。

2. 各检验项目的检验方法及检验数量按表7-9的要求执行。

表7-9 有黏结预应力筋灌浆检验

检验项目	检验方法	检验数量
浆液质量	试验	同一配合比至少检查1次
灌浆质量	检验检查孔,查阅施工记录,观察	全数

3. 工序施工质量验收评定应提交下列资料。

(1)施工单位各班(组)初检记录、施工队复检记录、施工单位专职质检员终检记录、工序中各施工质量检验项目的检验资料。

(2)监理单位对工序中施工质量检验项目的平行检测资料。

4. 工序质量标准。

(1)合格等级标准。

1)主控项目,检验结果应全部符合 SL 632—2012 的要求。

2)一般项目,逐项应有70%及以上的检验点合格,且不合格点不应集中分布。

3)各项报验资料应符合 SL 632—2012 的要求。

(2)优良等级标准。

1)主控项目,检验结果应全部符合 SL 632—2012 的要求。

2)一般项目,逐项应有90%及以上的检验点合格,且不合格点不应集中分布。

3)各项报验资料应符合 SL 632—2012 的要求。

表 7.10 预应力混凝土外观质量检查工序施工质量验收评定表（样表）

单位工程名称					工序编号			
分部工程名称					施工单位			
单元工程名称、部位					施工日期	年　月　日至　　年　月　日			

项次			检验项目	质量要求	检查记录	合格数	合格率
闸墩、隧洞混凝土	主控项目	1	有平整度要求的部位	符合设计及规范要求			
		2	形体尺寸	符合设计要求或允许偏差±20mm			
		3	重要部位缺损	不允许出现缺损			
	一般项目	1	表面平整度	每2m偏差不大于8mm			
		2	麻面、蜂窝	麻面、蜂窝累计面积不超过0.5%。经处理符合设计要求			
		3	孔洞	单个面积不超过0.01m²，且深度不超过骨料最大粒径。经处理符合设计要求			
		4	错台、跑模、掉角	经处理符合设计要求			
		5	表面裂缝	表面裂缝短小，深度不大于钢筋保护层厚度的表面裂缝，经处理符合设计要求			
预制件混凝土	主控项目	1	外观检查	无缺陷			
		2	尺寸偏差	预制构件不应有影响结构性能和安装、使用功能的尺寸偏差			
	一般项目	1	预制构件标识	应在明显部位标明生产单位、构件型号、生产日期和质量验收标识			
		2	构件上的预埋件、插筋和预留孔洞的规格、位置和数量	应符合标准图或设计的要求			

施工单位自评意见	主控项目检验点全部合格，一般项目逐项检验点的合格率均不小于_____%，且不合格点不集中分布，各项报验资料_____SL 632—2012的要求。 　工序质量等级评定为：_____。 （签字，加盖公章） 年　　月　　日
监理单位复核意见	经复核，主控项目检验点全部合格，一般项目逐项检验点的合格率均不小于_____%，且不合格点不集中分布，各项报验资料_____SL 632—2012的要求。 　工序质量等级评定为：_____。 （签字，加盖公章） 年　　月　　日

___×××水电站___ 工程

表7.10 预应力混凝土外观质量检查工序施工质量验收评定表（实例）

单位工程名称			泄洪工程		工序编号	XH－YHD－GZ－10		
分部工程名称			溢洪道控制段		施工单位	×××工程局有限公司		
单元工程名称、部位			工作桥		施工日期	2015年5月25日至2015年5月25日		
项次			检验项目	质量要求	检查记录	合格数	合格率	
闸墩、隧洞混凝土	主控项目	1	有平整度要求的部位	符合设计及规范要求	偏差实测值为0mm、2mm、0mm、0mm、1mm	5	100%	
		2	形体尺寸	符合设计要求或允许偏差±20mm	偏差实测值为10mm、7mm	2	100%	
		3	重要部位缺损	不允许出现缺损	重要部位无缺损	/	100%	
	一般项目	1	表面平整度	每2m偏差不大于8mm	偏差实测值为0mm、2mm、2mm、0mm、0mm	5	100%	
		2	麻面、蜂窝	麻面、蜂窝累计面积不超过0.5%。经处理符合设计要求	麻面、蜂窝累计面积不超过0.5%。经处理符合设计要求	/	100%	
		3	孔洞	单个面积不超过0.01m²，且深度不超过骨料最大粒径。经处理符合设计要求	单个面积不超过0.01m²，且深度不超过骨料最大粒径。经处理符合设计要求	/	100%	
		4	错台、跑模、掉角	经处理符合设计要求	无错台、跑模、掉角	/	100%	
		5	表面裂缝	表面裂缝短小，深度不大于钢筋保护层厚度的表面裂缝，经处理符合设计要求	表面裂缝短小，深度不大于钢筋保护层厚度的表面裂缝，经处理符合设计要求	/	100%	
预制件混凝土	主控项目	1	外观检查	无缺陷	外观检查无缺陷	/	100%	
		2	尺寸偏差	预制构件不应有影响结构性能和安装、使用功能的尺寸偏差	预制构件无偏差	/	100%	
	一般项目	1	预制构件标识	应在明显部位标明生产单位、构件型号、生产日期和质量验收标识	预制构件在明显部位有标明生产单位、构件型号、生产日期和质量验收标识	/	100%	
		2	构件上的预埋件、插筋和预留孔洞的规格、位置和数量	应符合标准图或设计的要求	构件上的预埋件、插筋和预留孔洞的规格、位置和数量符合质量标准和设计要求	/	100%	
施工单位自评意见			主控项目检验点全部合格，一般项目逐项检验点的合格率均不小于___90.0___%，且不合格点不集中分布，各项报验资料___符合___SL 632—2012的要求。 工序质量等级评定为：___优良___。 ×××（签字，加盖公章） 2015年5月25日					
监理单位复核意见			经复核，主控项目检验点全部合格，一般项目逐项检验点的合格率均不小于___90.0___%，且不合格点不集中分布，各项报验资料___符合___SL 632—2012的要求。 工序质量等级评定为：___优良___。 ×××（签字，加盖公章） 2015年5月25日					

表 7.10 预应力混凝土外观质量检查工序施工质量验收评定表
填 表 要 求

填表时必须遵守"填表基本规定",并应符合下列要求。

1. 单位工程、分部工程、单元工程名称及部位填写应与表 7 相同。

2. 各检验项目的检验方法及检验数量按表 7－10 的要求执行。

表 7－10   预应力混凝土外观质量检验

检验项目		检验方法	检验数量
闸墩、隧洞混凝土	有平整度要求的部位	用 2m 靠尺或专用工具检查	100m² 以上的表面检查 6～10 个点;100m² 以下的表面检查 3～5 个点
	形体尺寸	钢尺测量	抽查 15%
	重要部位缺损	观察、仪器检验	全部
	表面平整度	用 2m 靠尺或专用工具检查	100m² 以上的表面检查 6～10 个点;100m² 以下的表面检查 3～5 个点
	麻面、蜂窝	观察	全部
	孔洞	观察、量测	
	错台、跑模、掉角		
	表面裂缝		
预制件混凝土	外观检查	观察、量测	全数
	尺寸偏差	量测	
	预制构件标识	观察	
	构件上的预埋件、插筋和预留孔洞的规格、位置和数量		

3. 工序施工质量验收评定应提交下列资料。

(1) 施工单位各班(组)初检记录、施工队复检记录、施工单位专职质检员终检记录、工序中各施工质量检验项目的检验资料。

(2) 监理单位对工序中施工质量检验项目的平行检测资料。

4. 工序质量标准。

(1) 合格等级标准。

1) 主控项目,检验结果应全部符合 SL 632—2012 的要求。

2) 一般项目,逐项应有 70% 及以上的检验点合格,且不合格点不应集中分布。

3) 各项报验资料应符合 SL 632—2012 的要求。

(2) 优良等级标准。

1) 主控项目,检验结果应全部符合 SL 632—2012 的要求。

2) 一般项目,逐项应有 90% 及以上的检验点合格,且不合格点不应集中分布。

3) 各项报验资料应符合 SL 632—2012 的要求。

表 8   **混凝土预制构件安装单元工程施工质量验收评定表（样表）**

单位工程名称		单元工程量	
分部工程名称		施工单位	
单元工程名称、部位		施工日期	年　月　日至　年　月　日

项次	工序名称（或编号）	工序质量验收评定等级
1	构件外观质量检查	
2	△预制件吊装	
3	预制件接缝及接头处理	
施工单位自评意见	各工序施工质量全部合格，其中优良工序占_____％，且主要工序达到_____等级，单元工程试块质量检验合格，各项报验资料_____SL 632—2012 的要求。 单元工程质量等级评定为：_____。 （签字，加盖公章） 年　　月　　日	
监理单位复核意见	经抽查并查验相关检验报告和检验资料，各工序施工质量全部合格，其中优良工序占_____％，且主要工序达到_____等级，单元工程试块质量检验合格，各项报验资料_____SL 632—2012 的要求。 单元工程质量等级评定为：_____。 （签字，加盖公章） 年　　月　　日	
注：本表所填"单元工程量"不作为施工单位工程量结算计量的依据。			

表8   混凝土预制构件安装单元工程施工质量验收评定表（实例）

单位工程名称	泄洪工程	单元工程量	200m³
分部工程名称	溢洪道控制段	施工单位	×××工程局有限公司
单元工程名称、部位	工作桥	施工日期	2015年6月1日至2015年6月5日

项次	工序名称（或编号）	工序质量验收评定等级
1	构件外观质量检查	优良
2	△预制件吊装	优良
3	预制件接缝及接头处理	优良
施工单位自评意见	各工序施工质量全部合格，其中优良工序占 __100__ ％，且主要工序达到 __优良__ 等级，单元工程试块质量检验合格，各项报验资料 __符合__ SL 632—2012的要求。 单元工程质量等级评定为： __优良__ 。 ×××（签字，加盖公章） 2015年6月5日	
监理单位复核意见	经抽查并查验相关检验报告和检验资料，各工序施工质量全部合格，其中优良工序占 __100__ ％，且主要工序达到 __优良__ 等级，单元工程试块质量检验合格，各项报验资料 __符合__ SL 632—2012的要求。 单元工程质量等级评定为： __优良__ 。 ×××（签字，加盖公章） 2015年6月5日	
注：本表所填"单元工程量"不作为施工单位工程量结算计量的依据。		

表 8 混凝土预制构件安装单元工程施工质量验收评定表

填 表 要 求

填表时必须遵守"填表基本规定",并应符合下列要求。

1. 单元工程划分:宜以每一次检查验收的根、组、批划分,或者按安装的桩号、高程划分,每一根、组、批或某桩号、高程之间的预制构件安装划分为一个单元工程。

2. 对进场使用的水泥、钢筋、掺和料、外加剂、止水片(带)等原材料质量应按有关规范要求进行全面检验,检验结果应满足相关产品标准。不同批次原材料在工程中的使用部位应有记录,并填写原材料及中间产品备查表(混凝土单元工程原材料检验备查表、混凝土单元工程骨料检验备查表、混凝土拌和物性能检验备查表、硬化混凝土性能检验备查表)。混凝土中间产品质量应符合 SL 632—2012 附录 C 的规定。

3. 混凝土预制构件质量应满足设计要求。从场外购买的混凝土预制构件,则应提供构件性能检验等质量合格的相关证明资料。不合格构件不应使用。

4. 单元工程量填写预制件混凝土量(m³)。

5. 单元工程混凝土预制构件安装单元工程分为构件外观质量检查、预制件吊装、预制件接缝及接头处理 3 个工序,其中预制件吊装工序为主要工序,用△标注。本表须在表8.1~表 8.3 所列各工序施工质量验收评定合格的基础上进行填写。

6. 单元工程施工质量验收评定应提交下列资料。

(1) 施工单位应提交单元工程中所含工序(或检验项目)验收评定的检验资料,原材料、拌和物与各项实体检验项目的检验记录资料。

(2) 监理单位应提交对单元工程施工质量的平行检测资料。

7. 单元工程质量标准。

(1) 合格等级标准。各工序施工质量验收评定应全部合格;各项报验资料应符合 SL 632—2012 的要求。

(2) 优良等级标准。各工序施工质量验收评定应全部合格,其中优良工序应达到50%及以上,且主要工序应达到优良等级;各项报验资料应符合 SL 632—2012 的要求。

表 8.1　混凝土预制构件外观质量检查工序施工质量验收评定表（样表）

单位工程名称			工序编号			
分部工程名称			施工单位			
单元工程名称、部位			施工日期	年　月　日至　　年　月　日		
项次		检验项目	质量要求	检查记录	合格数	合格率
主控项目	1	外观检查	无缺陷			
	2	尺寸偏差	预制构件不应有影响结构性能和安装、使用功能的尺寸偏差			
一般项目	1	预制构件标识	应在明显部位标明生产单位、构件型号、生产日期和质量验收标识			
	2	构件上的预埋件、插筋和预留孔洞的规格、位置和数量	应符合标准图或设计的要求			
施工单位自评意见	主控项目检验点全部合格，一般项目逐项检验点的合格率均不小于＿＿＿＿＿＿％，且不合格点不集中分布，各项报验资料＿＿＿＿＿＿SL 632—2012 的要求。 　　工序质量等级评定为：＿＿＿＿＿＿。 （签字，加盖公章） 年　　　月　　　日					
监理单位复核意见	经复核，主控项目检验点全部合格，一般项目逐项检验点的合格率均不小于＿＿＿＿＿＿％，且不合格点不集中分布，各项报验资料＿＿＿＿＿＿SL 632—2012 的要求。 　　工序质量等级评定为：＿＿＿＿＿＿。 （签字，加盖公章） 年　　　月　　　日					

×××水电站　　工程

表 8.1　　混凝土预制构件外观质量检查工序施工质量验收评定表（实例）

单位工程名称	泄洪工程	工序编号	XH－YHD－GZ－AZ－01
分部工程名称	溢洪道控制段	施工单位	×××工程局有限公司
单元工程名称、部位	工作桥	施工日期	2015 年 6 月 1 日至 2015 年 6 月 1 日

项次		检验项目	质量要求	检查记录	合格数	合格率
主控项目	1	外观检查	无缺陷	外观检查无缺陷	/	100%
	2	尺寸偏差	预制构件不应有影响结构性能和安装、使用功能的尺寸偏差	预制构件无偏差	/	100%
一般项目	1	预制构件标识	应在明显部位标明生产单位、构件型号、生产日期和质量验收标识	预制构件在明显部位有标明生产单位、构件型号、生产日期和质量验收标识	/	100%
	2	构件上的预埋件、插筋和预留孔洞的规格、位置和数量	应符合标准图或设计的要求	构件上的预埋件、插筋和预留孔洞的规格、位置和数量符合质量标准和设计要求	/	100%

施工单位自评意见	主控项目检验点全部合格，一般项目逐项检验点的合格率均不小于　90.0　％，且不合格点不集中分布，各项报验资料　符合　SL 632—2012 的要求。 　工序质量等级评定为：　优良　。 ×××（签字，加盖公章） 2015 年 6 月 1 日
监理单位复核意见	经复核，主控项目检验点全部合格，一般项目逐项检验点的合格率均不小于　90.0　％，且不合格点不集中分布，各项报验资料　符合　SL 632—2012 的要求。 　工序质量等级评定为：　优良　。 ×××（签字，加盖公章） 2015 年 6 月 1 日

表 8.1　混凝土预制构件外观质量检查工序施工质量验收评定表

填 表 要 求

填表时必须遵守"填表基本规定"，并应符合下列要求。

1. 单位工程、分部工程、单元工程名称及部位填写应与表 8 相同。

2. 各检验项目的检验方法及检验数量按表 8－1 的要求执行。

表 8－1　　　　　　　　　　混凝土预制构件外观质量检验

检验项目	检验方法	检验数量
外观检查	观察，量测	全数
尺寸偏差	量测	
预制构件标识	观察	
构件上的预埋件、插筋和预留孔洞的规格、位置和数量		

3. 工序施工质量验收评定应提交下列资料。

（1）施工单位各班（组）初检记录、施工队复检记录、施工单位专职质检员终检记录、工序中各施工质量检验项目的检验资料。

（2）监理单位对工序中施工质量检验项目的平行检测资料。

4. 工序质量标准。

（1）合格等级标准。

1）主控项目，检验结果应全部符合 SL 632—2012 的要求。

2）一般项目，逐项应有 70％及以上的检验点合格，且不合格点不应集中分布。

3）各项报验资料应符合 SL 632—2012 的要求。

（2）优良等级标准。

1）主控项目，检验结果应全部符合 SL 632—2012 的要求。

2）一般项目，逐项应有 90％及以上的检验点合格，且不合格点不应集中分布。

3）各项报验资料应符合 SL 632—2012 的要求。

表 8.2　　　混凝土预制件吊装工序施工质量验收评定表（样表）

单位工程名称				工序编号				
分部工程名称				施工单位				
单元工程名称、部位				施工日期		年　月　日至　　年　月　日		
项次		检验项目		质量要求	检查记录		合格数	合格率
主控项目	1	构件型号和安装位置		符合设计要求				
	2	构件吊装时的混凝土强度		符合设计要求。设计无规定时，不应低于设计强度标准值的 70%；预应力构件孔道灌浆的强度，应达到设计要求				
一般项目	1	柱	中心线和轴线位移	允许偏差±5mm				
	2		垂直度	柱高10m 以下	允许偏差 10mm			
	3			柱高10m 及其以上	允许偏差 20mm			
	4		牛腿上表面、柱顶标高	允许偏差－8～0mm				
	5	梁或吊车梁	中心线和轴线位移	允许偏差±5mm				
	6		梁顶面标高	允许偏差－5～0mm				
	7	屋架	下弦中心线和轴线位移	允许偏差±5mm				
	8		垂直度	桁架、拱形屋架	允许偏差 1/250 屋架高			
	9			薄腹梁	允许偏差 5mm			
	10	板	相邻两板下表面平整	抹灰	允许偏差 5mm			
	11			不抹灰	允许偏差 3mm			

项次	检验项目		质量要求	检查记录	合格数	合格率
一般项目	12	预制廊道、井筒板（埋入建筑物）	中心线和轴线位移	允许偏差±20mm			
	13		相邻两构件的表面平整	允许偏差 10mm			
	14	建筑物外表面模板	相邻两板面高差	允许偏差 3mm（局部 5mm）			
			外边线与结构物边线	允许偏差±10mm			

施工单位自评意见	主控项目检验点全部合格，一般项目逐项检验点的合格率均不小于_____%，且不合格点不集中分布，各项报验资料_____SL 632—2012 的要求。 工序质量等级评定为：_____。 （签字，加盖公章） 年　月　日
监理单位复核意见	经复核，主控项目检验点全部合格，一般项目逐项检验点的合格率均不小于_____%，且不合格点不集中分布，各项报验资料_____SL 632—2012 的要求。 工序质量等级评定为：_____。 （签字，加盖公章） 年　月　日

×××水电站　　工程

表 8.2　　　混凝土预制件吊装工序施工质量验收评定表（实例）

单位工程名称			泄洪工程		工序编号		XH－YHD－GZ－AZ－02		
分部工程名称			溢洪道控制段		施工单位		×××工程局有限公司		
单元工程名称、部位			工作桥		施工日期		2015 年 6 月 2 日至 2015 年 6 月 3 日		
项次		检验项目		质量要求		检查记录		合格数	合格率
主控项目	1	构件型号和安装位置		符合设计要求		构件型号和安装位置符合设计要求		/	100%
	2	构件吊装时的混凝土强度		符合设计要求。设计无规定时，不应低于设计强度标准值的 70%；预应力构件孔道灌浆的强度，应达到设计要求		构件吊装时的混凝土强度符合设计要求		/	100%
一般项目	1	中心线和轴线位移		允许偏差±5mm		偏差实测值为 2mm、0mm		2	100%
	2	柱	垂直度	柱高 10m 以下	允许偏差 10mm	偏差实测值为 2mm、3mm、2mm、2mm、1mm		5	100%
	3			柱高 10m 及其以上	允许偏差 20mm	偏差实测值为 5mm、6mm、6mm、5mm、6mm		5	100%
	4		牛腿上表面、柱顶标高		允许偏差 －8～0mm	偏差实测值为 2mm、1mm、0mm、0mm、－2mm		5	100%
	5	梁或吊车梁	中心线和轴线位移		允许偏差±5mm	偏差实测值为 0mm、－1mm		2	100%
	6		梁顶面标高		允许偏差 －5～0mm	偏差实测值为 －2mm、1mm、0mm、－1mm、2mm		5	100%
	7	屋架	下弦中心线和轴线位移		允许偏差±5mm	偏差实测值为 2mm、1mm、2mm、1mm、1mm		5	100%
	8		垂直度	桁架、拱形屋架	允许偏差 1/250 屋架高	偏差实测值为 0mm、0mm、1mm、0mm、0mm		5	100%
	9			薄腹梁	允许偏差 5mm	偏差实测值为 2mm、2mm、1mm、2mm、1mm		5	100%
	10	板	相邻两板下表面平整	抹灰	允许偏差 5mm	偏差实测值为 2mm、2mm、2mm、1mm、2mm		5	100%
	11			不抹灰	允许偏差 3mm	偏差实测值为 1mm、0mm、2mm、0mm、1mm		5	100%

186

项次	检验项目		质量要求	检查记录	合格数	合格率
一般项目	12	预制廊道、井筒板（埋入建筑物）	中心线和轴线位移	允许偏差±20mm	**偏差实测值为 5mm、3mm、6mm、5mm、5mm、2mm、2mm、3mm、3mm、2mm、3mm、2mm、2mm、5mm、4mm、4mm、3mm、3mm、2mm、2mm**	20	100％
	13		相邻两构件的表面平整	允许偏差 10mm	**偏差实测值为 2mm、2mm、3mm、2mm、2mm、3mm、2mm、2mm、3mm、2mm**	10	100％
	14	建筑物外表面模板	相邻两板面高差	允许偏差 3mm（局部5mm）	**偏差实测值为 0mm、2mm、0mm、1mm、1mm**	5	100％
			外边线与结构物边线	允许偏差±10mm	**偏差实测值为 3mm、3mm、5mm、3mm、2mm**	5	100％

施工单位自评意见	主控项目检验点全部合格，一般项目逐项检验点的合格率均不小于 __90.0__ ％，且不合格点不集中分布，各项报验资料 __符合__ SL 632—2012 的要求。 　　工序质量等级评定为：__优良__。 　　　　　　　　　　　　　　×××（签字，加盖公章） 　　　　　　　　　　　　　　**2015 年 6 月 3 日**
监理单位复核意见	经复核，主控项目检验点全部合格，一般项目逐项检验点的合格率均不小于 __90.0__ ％，且不合格点不集中分布，各项报验资料 __符合__ SL 632—2012 的要求。 　　工序质量等级评定为：__优良__。 　　　　　　　　　　　　　　×××（签字，加盖公章） 　　　　　　　　　　　　　　**2015 年 6 月 3 日**

表8.2 混凝土预制件吊装工序施工质量验收评定表
填 表 要 求

填表时必须遵守"填表基本规定",并应符合下列要求。

1. 单位工程、分部工程、单元工程名称及部位填写应与表8相同。

2. 各检验项目的检验方法及检验数量按表8-2的要求执行。

表8-2　混凝土预制件吊装检验

检验项目			检验方法	检验数量
构件型号和安装位置			查阅施工图纸	
构件吊装时的混凝土强度			查阅试验资料和施工记录	
柱	中心线和轴线位移		测量	全数
	垂直度	柱高10m以下		
		柱高10m及其以上		
	牛腿上表面、柱顶标高			
梁或吊车梁	中心线和轴线位移			
	梁顶面标高			
屋架	下弦中心线和轴线位移			
	垂直度	桁架、拱形屋架		
		薄腹梁		
板	相邻两板下表面平整	抹灰	用2m靠尺量测	
		不抹灰		
预制廊道、井筒板(埋入建筑物)	中心线和轴线位移		测量检查	
	相邻两构件的表面平整			
建筑物外表面模板	相邻两板面高差		用2m靠尺量测	
	外边线与结构物边线			

3. 工序施工质量验收评定应提交下列资料。

(1) 施工单位各班(组)初检记录、施工队复检记录、施工单位专职质检员终检记录、工序中各施工质量检验项目的检验资料。

(2) 监理单位对工序中施工质量检验项目的平行检测资料。

4. 工序质量标准。

(1) 合格等级标准。

1) 主控项目,检验结果应全部符合SL 632—2012的要求。

2) 一般项目,逐项应有70%及以上的检验点合格,且不合格点不应集中分布。

3) 各项报验资料应符合SL 632—2012的要求。

(2) 优良等级标准。

1) 主控项目,检验结果应全部符合SL 632—2012的要求。

2) 一般项目,逐项应有90%及以上的检验点合格,且不合格点不应集中分布。

3) 各项报验资料应符合SL 632—2012的要求。

表 8.3　　混凝土预制件接缝及接头处理工序施工质量验收评定表（样表）

单位工程名称			工序编号				
分部工程名称			施工单位				
单元工程名称、部位			施工日期	年　月　日至　年　月　日			
项次		检验项目	质量要求	检查记录		合格数	合格率
主控项目	1	构件连接	构件与底座、构件与构件的连接应符合设计要求，受力接头应符合 GB 50204 的规定				
一般项目	1	接缝凿毛处理	符合设计要求				
	2	构件接缝的混凝土（砂浆）	养护符合设计要求，且在规定的时间内不应拆除其支承模板				
施工单位自评意见	主控项目检验点全部合格，一般项目逐项检验点的合格率均不小于＿＿＿＿＿＿＿％，且不合格点不集中分布，各项报验资料＿＿＿＿＿＿＿SL 632—2012 的要求。 工序质量等级评定为：＿＿＿＿＿＿＿。 （签字，加盖公章） 年　　月　　日						
监理单位复核意见	经复核，主控项目检验点全部合格，一般项目逐项检验点的合格率均不小于＿＿＿＿＿＿＿％，且不合格点不集中分布，各项报验资料＿＿＿＿＿＿＿SL 632—2012 的要求。 工序质量等级评定为：＿＿＿＿＿＿＿。 （签字，加盖公章） 年　　月　　日						

表 8.3   混凝土预制件接缝及接头处理工序施工质量验收评定表（实例）

单位工程名称		泄洪工程	工序编号	XH‑YHD‑GZ‑AZ‑03		
分部工程名称		溢洪道控制段	施工单位	×××工程局有限公司		
单元工程名称、部位		工作桥	施工日期	2015 年 6 月 4 日至 2015 年 6 月 5 日		
项次		检验项目	质量要求	检查记录	合格数	合格率
主控项目	1	构件连接	构件与底座、构件与构件的连接应符合设计要求，受力接头应符合 GB 50204 的规定	构件与底座、构件与构件的连接符合设计要求，受力接头符合 GB 50204 的规定	/	100%
一般项目	1	接缝凿毛处理	符合设计要求	接缝凿毛处理无乳皮、微露粗砂	/	100%
	2	构件接缝的混凝土（砂浆）	养护符合设计要求，且在规定的时间内不应拆除其支承模板	构件接缝的混凝土及时洒水养护，保持混凝土表面湿润，在规定的时间内不拆除其支承模板	/	100%
施工单位自评意见		主控项目检验点全部合格，一般项目逐项检验点的合格率均不小于 __90.0__ %，且不合格点不集中分布，各项报验资料 __符合__ SL 632—2012 的要求。 工序质量等级评定为：__优良__ 。 ×××（签字，加盖公章） 2015 年 6 月 5 日				
监理单位复核意见		经复核，主控项目检验点全部合格，一般项目逐项检验点的合格率均不小于 __90.0__ %，且不合格点不集中分布，各项报验资料 __符合__ SL 632—2012 的要求。 工序质量等级评定为：__优良__ 。 ×××（签字，加盖公章） 2015 年 6 月 5 日				

表8.3 混凝土预制件接缝及接头处理工序施工质量验收评定表

填 表 要 求

填表时必须遵守"填表基本规定",并应符合下列要求。

1. 单位工程、分部工程、单元工程名称及部位填写应与表8相同。

2. 各检验项目的检验方法及检验数量按表8-3的要求执行。

表8-3 混凝土预制件接缝及接头处理检验

检验项目	检验方法	检验数量
构件连接	观察、查阅试验资料和施工记录	全数
接缝凿毛处理	观察	全面
构件接缝的混凝土(砂浆)		

3. 工序施工质量验收评定应提交下列资料。

(1) 施工单位各班(组)初检记录、施工队复检记录、施工单位专职质检员终检记录、工序中各施工质量检验项目的检验资料。

(2) 监理单位对工序中施工质量检验项目的平行检测资料。

4. 工序质量标准。

(1) 合格等级标准。

1) 主控项目,检验结果应全部符合SL 632—2012的要求。

2) 一般项目,逐项应有70%及以上的检验点合格,且不合格点不应集中分布。

3) 各项报验资料应符合SL 632—2012的要求。

(2) 优良等级标准。

1) 主控项目,检验结果应全部符合SL 632—2012的要求。

2) 一般项目,逐项应有90%及以上的检验点合格,且不合格点不应集中分布。

3) 各项报验资料应符合SL 632—2012的要求。

表9 混凝土坝坝体接缝灌浆单元工程施工质量验收评定表（样表）

单位工程名称		单元工程量	
分部工程名称		施工单位	
单元工程名称、部位		施工日期	年 月 日至 年 月 日

项次	工序名称（或编号）	工序质量验收评定等级
1	灌浆前检查	
2	△灌浆	

施工单位自评意见	各工序施工质量全部合格，其中优良工序占_____%，且主要工序达到_____等级，单元工程试块质量检验合格，各项报验资料_____SL 632—2012 的要求。 单元工程质量等级评定为：_____。 （签字，加盖公章） 年 月 日
监理单位复核意见	经抽查并查验相关检验报告和检验资料，各工序施工质量全部合格，其中优良工序占_____%，且主要工序达到_____等级，单元工程试块质量检验合格，各项报验资料_____SL 632—2012 的要求。 单元工程质量等级评定为：_____。 （签字，加盖公章） 年 月 日

注：本表所填"单元工程量"不作为施工单位工程量结算计量的依据。

表9　混凝土坝坝体接缝灌浆单元工程施工质量验收评定表（实例）

单位工程名称	大坝工程	单元工程量	260m³
分部工程名称	灌浆工程	施工单位	×××省工程有限公司
单元工程名称、部位	1#坝段接缝灌浆	施工日期	2015 年 8 月 3 日至 2015 年 8 月 6 日

项次	工序名称（或编号）	工序质量验收评定等级
1	灌浆前检查	优良
2	△灌浆	优良
施工单位自评意见	各工序施工质量全部合格，其中优良工序占 __100__ ％，且主要工序达到 __优良__ 等级，单元工程试块质量检验合格，各项报验资料 __符合__ SL 632—2012 的要求。 　　单元工程质量等级评定为：__优良__ 。 　　　　　　　　　　　　　　　　×××（签字，加盖公章） 　　　　　　　　　　　　　　　　2015 年 8 月 6 日	
监理单位复核意见	经抽查并查验相关检验报告和检验资料，各工序施工质量全部合格，其中优良工序占 __100__ ％，且主要工序达到 __优良__ 等级，单元工程试块质量检验合格，各项报验资料 __符合__ SL 632—2012 的要求。 　　单元工程质量等级评定为：__优良__ 。 　　　　　　　　　　　　　　　　×××（签字，加盖公章） 　　　　　　　　　　　　　　　　2015 年 8 月 6 日	
注：本表所填"单元工程量"不作为施工单位工程量结算计量的依据。		

表9 混凝土坝坝体接缝灌浆单元工程施工质量验收评定表
填 表 要 求

填表时必须遵守"填表基本规定",并应符合下列要求。

1. 单元工程划分:宜以设计、施工确定的灌浆区(段)划分,每一灌浆区(段)划分为一个单元工程。

2. 对进场的水泥、掺和料、外加剂等原材料质量应按有关规范要求进行全面检验,检验结果应满足相关产品标准。不同批次原材料在工程中的使用部位应有记录,并填写原材料及中间产品备查表(混凝土单元工程原材料检验备查表)。

3. 灌浆前的准备工作完成后应及时灌浆,避免灌缝及管路污染或堵塞。灌浆用水、水泥和外加剂等材料的质量标准应符合设计和相关产品质量标准的要求。效果检查(如钻孔取芯及压水试验检查)应符合设计要求。

4. 单元工程量填写本单元工程灌浆区域面积(m^2)。

5. 单元工程分为灌浆前检查和灌浆 2 个工序,其中灌浆施工工序为主要工序,用△标注。本表须在表 9.1、表 9.2 所列各工序施工质量验收评定合格的基础上进行填写。

6. 单元工程施工质量验收评定应提交下列资料。

(1)施工单位应提交单元工程中所含工序(或检验项目)验收评定的检验资料,原材料、拌和物与各项实体检验项目的检验记录资料。

(2)监理单位应提交对单元工程施工质量的平行检测资料。

7. 单元工程质量标准。

(1)合格等级标准。各工序施工质量验收评定应全部合格;各项报验资料应符合 SL 632—2012 的要求。

(2)优良等级标准。各工序施工质量验收评定应全部合格,其中优良工序应达到50%及以上,且主要工序应达到优良等级;各项报验资料应符合 SL 632—2012 的要求。

表 9.1　　　　　**灌浆前检查工序施工质量验收评定表（样表）**

单位工程名称			工序编号			
分部工程名称			施工单位			
单元工程名称、部位			施工日期	年　月　日至　　年　月　日		
项次		检验项目	质量要求	检查记录	合格数	合格率
主控项目	1	灌浆系统	埋设、规格、尺寸、进回浆方式等符合设计要求			
	2	灌浆管路通畅情况	灌区至少应有一套灌浆管路畅通，其流量宜大于30L/min			
	3	缝面畅通情况	两根排气管的单开出水量均宜大于25L/min			
	4	灌区封闭情况	缝面漏水量宜小于15L/min			
	5	灌区两侧坝块及压重块混凝土的温度	符合设计要求			
一般项目	1	灌浆前接缝张开度	符合设计要求，灌浆前接缝张开度宜大于0.5mm			
	2	管路及缝面冲洗	冲洗时间和压力符合设计要求，回水清净			
施工单位自评意见	主控项目检验点全部合格，一般项目逐项检验点的合格率均不小于_____%，且不合格点不集中分布，各项报验资料_____SL 632—2012的要求。 工序质量等级评定为：_____。 （签字，加盖公章） 年　　月　　日					
监理单位复核意见	经复核，主控项目检验点全部合格，一般项目逐项检验点的合格率均不小于_____%，且不合格点不集中分布，各项报验资料_____SL 632—2012的要求。 工序质量等级评定为：_____。 （签字，加盖公章） 年　　月　　日					

表 9.1   灌浆前检查工序施工质量验收评定表（实例）

单位工程名称	大坝工程	工序编号	DB-GJ-1#JF-01
分部工程名称	灌浆工程	施工单位	×××省工程有限公司
单元工程名称、部位	1#坝段接缝灌浆	施工日期	2015年8月3日至2015年8月3日

项次		检验项目	质量要求	检查记录	合格数	合格率
主控项目	1	灌浆系统	埋设、规格、尺寸、进回浆方式等符合设计要求	灌浆盒采用1.5mm优质镀锌铁板，进、回浆管采用φ32黑铁管，排气管采用φ40黑铁管，支管采用φ25黑铁管，注浆管采用φ12黑铁管，止浆片采用654型塑料止浆片	/	100%
	2	灌浆管路通畅情况	灌区至少应有一套灌浆管路畅通，其流量宜大于30L/min	通过通水试验检测，通水压力按灌浆压力（0.35MPa）的80%控制，灌区的3套灌浆管路均畅通，实测通水流量为42L/min、38L/min、42L/min，满足质量要求	3	100%
	3	缝面畅通情况	两根排气管的单开出水量均宜大于25L/min	实测两根排气管的单开出水量为32L/min、28L/min，满足质量要求	2	100%
	4	灌区封闭情况	缝面漏水量宜小于15L/min	选择畅通的进浆管口进水，其他管口出水后关闭，待排气管口压力达到设计压力的80%且进水率稳定后，测灌区总漏水率为11L/min，满足质量要求	1	100%
	5	灌区两侧坝块及压重块混凝土的温度	符合设计要求	充水闷管测温法实测两侧坝块温度为16℃、15.5℃，符合设计要求	2	100%
一般项目	1	灌浆前接缝张开度	符合设计要求，灌浆前接缝张开度宜大于0.5mm	采用厚薄规量测，灌浆前接缝张开度实测值均大于0.5mm：0.8mm、0.7mm、0.9mm、0.7mm、0.8mm、1.0mm、0.9mm、0.8mm、0.6mm	9	100%
	2	管路及缝面冲洗	冲洗时间和压力符合设计要求，回水清净	灌浆前对缝面进行浸泡，浸泡时间不少于24h，然后用风、水轮换冲洗各管路及缝面，直至排气管回清水，无悬浮或沉淀物。冲洗水压力为0.28MPa、风压为0.2MPa	/	100%

施工单位自评意见	主控项目检验点全部合格，一般项目逐项检验点的合格率均不小于 __90.0__ %，且不合格点不集中分布，各项报验资料 __符合__ SL 632—2012的要求。 工序质量等级评定为：__优良__ 。 ×××（签字，加盖公章） 2015年8月3日
监理单位复核意见	经复核，主控项目检验点全部合格，一般项目逐项检验点的合格率均不小于 __90.0__ %，且不合格点不集中分布，各项报验资料 __符合__ SL 632—2012的要求。 工序质量等级评定为：__优良__ 。 ×××（签字，加盖公章） 2015年8月3日

表 9.1　灌浆前检查工序施工质量验收评定表
填　表　要　求

填表时必须遵守"填表基本规定",并应符合下列要求。

1. 单位工程、分部工程、单元工程名称及部位填写应与表 9 相同。

2. 各检验项目的检验方法及检验数量按表 9-1 的要求执行。

表 9-1　　　　　　　　　　　　　灌　浆　前　检　验

检验项目	检验方法	检验数量
灌浆系统	观察、尺量	逐区
灌浆管路通畅情况	通水试验,测量出水量	
缝面畅通情况	采用"单开通水检查"方法	
灌区封闭情况	通水试验	
灌区两侧坝块及压重块混凝土的温度	充水阀管测温法或设计规定的其他方法	
灌浆前接缝张开度	测缝计、孔探仪或厚薄规量测等	
管路及缝面冲洗	检查冲洗记录,查看压力表压力和回水	

3. 工序施工质量验收评定应提交下列资料。

(1) 施工单位各班(组)初检记录、施工队复检记录、施工单位专职质检员终检记录、工序中各施工质量检验项目的检验资料。

(2) 监理单位对工序中施工质量检验项目的平行检测资料。

4. 工序质量标准。

(1) 合格等级标准。

1) 主控项目,检验结果应全部符合 SL 632—2012 的要求。

2) 一般项目,逐项应有 70% 及以上的检验点合格,且不合格点不应集中分布。

3) 各项报验资料应符合 SL 632—2012 的要求。

(2) 优良等级标准。

1) 主控项目,检验结果应全部符合 SL 632—2012 的要求。

2) 一般项目,逐项应有 90% 及以上的检验点合格,且不合格点不应集中分布。

3) 各项报验资料应符合 SL 632—2012 的要求。

_____工程

表 9.2　　　　　　灌浆工序施工质量验收评定表（样表）

单位工程名称				工序编号	
分部工程名称				施工单位	
单元工程名称、部位				施工日期	年　月　日至　　年　月　日

项次		检验项目	质量要求	检查记录	合格数	合格率
主控项目	1	排气管管口压力或灌浆压力	符合设计要求			
	2	浆液浓度变换及结束标准	符合设计要求			
	3	排气管出浆密度	两根排气管均应出浆，其出浆密度均大于1.5g/cm³			
	4	灌浆记录	接缝灌浆施工全过程各项指标均应详细记录，原始记录应真实、齐全、完整。记录人、检验人等相关责任人均应签字并注明时间			
一般项目	1	灌浆过程中接缝张开度变化	符合设计要求			
	2	灌浆中有无串漏	应无串漏。或虽稍有串漏，但经处理后，不影响灌浆质量			
	3	灌浆中有无中断	应无中断。或虽有中断，但处理及时，措施合理，经检查分析不影响灌浆质量			
施工单位自评意见		主控项目检验点全部合格，一般项目逐项检验点的合格率均不小于_____％，且不合格点不集中分布，各项报验资料_____SL 632—2012的要求。 工序质量等级评定为：_____。 （签字，加盖公章） 年　　月　　日				
监理单位复核意见		经复核，主控项目检验点全部合格，一般项目逐项检验点的合格率均不小于_____％，且不合格点不集中分布，各项报验资料_____SL 632—2012的要求。 工序质量等级评定为：_____。 （签字，加盖公章） 年　　月　　日				

表9.2　　　　灌浆工序施工质量验收评定表（实例）

单位工程名称	大坝工程		工序编号	DB-GJ-1♯JF-02		
分部工程名称	灌浆工程		施工单位	×××省工程有限公司		
单元工程名称、部位	1♯坝段接缝灌浆		施工日期	2015年8月4日至2015年8月6日		
项次		检验项目	质量要求	检查记录	合格数	合格率
主控项目	1	排气管管口压力或灌浆压力	符合设计要求	实测灌浆压力为0.35MPa	1	100%
	2	浆液浓度变换及结束标准	符合设计要求	经过查看灌浆记录，并用比重秤、自动记录仪及量浆尺检测，实测浆液浓度标准格式为2.10：1、0.98：1、0.60：1，结束标准满足设计要求	/	100%
	3	排气管出浆密度	两根排气管均应出浆，其出浆密度均大于1.5g/cm³	两根排气管均出浆，实测两根排气管出浆密度为1.72g/cm³、1.73g/cm³	2	100%
	4	灌浆记录	接缝灌浆施工全过程各项指标均应详细记录，原始记录应真实、齐全、完整。记录人、检验人等相关责任人均应签字并注明时间	施工全过程各项指标均详细记录，原始记录应真实、齐全、完整。记录人、检验人等相关责任人均签字并注明时间	/	100%
一般项目	1	灌浆过程中接缝张开度变化	符合设计要求	实测值为0.38mm、0.42mm	2	100%
	2	灌浆中有无串漏	应无串漏。或虽稍有串漏，但经处理后，不影响灌浆质量	无串漏	/	100%
	3	灌浆中有无中断	应无中断。或虽有中断，但处理及时，措施合理，经检查分析不影响灌浆质量	灌浆过程连续，无中断	/	100%
施工单位自评意见	主控项目检验点全部合格，一般项目逐项检验点的合格率均不小于 90.0 ％，且不合格点不集中分布，各项报验资料 符合 SL 632—2012 的要求。 工序质量等级评定为： 优良 。 ×××（签字，加盖公章） 2015年8月6日					
监理单位复核意见	经复核，主控项目检验点全部合格，一般项目逐项检验点的合格率均不小于 90.0 ％，且不合格点不集中分布，各项报验资料 符合 SL 632—2012 的要求。 工序质量等级评定为： 优良 。 ×××（签字，加盖公章） 2015年8月6日					

表 9.2 灌浆工序施工质量验收评定表

填 表 要 求

填表时必须遵守"填表基本规定",并应符合下列要求。

1. 单位工程、分部工程、单元工程名称及部位填写应与表 9 相同。

2. 各检验项目的检验方法及检验数量按表 9-2 的要求执行。

表 9-2   灌 浆 检 验

检验项目	检验方法	检验数量
排气管管口压力或灌浆压力	压力表量测	
浆液浓度变换及结束标准	查看记录,用比重秤、自动记录仪及量浆尺检测	逐区
排气管出浆密度	观察、比重秤量测	
灌浆记录	查阅原始记录	全面
灌浆过程中接缝张开度变化	千(百)分表量测	
灌浆中有无串漏	观察、测量和分析	逐区
灌浆中有无中断	根据施工记录和实际情况检查	

3. 工序施工质量验收评定应提交下列资料。

(1)施工单位各班(组)初检记录、施工队复检记录、施工单位专职质检员终检记录、工序中各施工质量检验项目的检验资料。

(2)监理单位对工序中施工质量检验项目的平行检测资料。

4. 工序质量标准。

(1)合格等级标准。

1)主控项目,检验结果应全部符合 SL 632—2012 的要求。

2)一般项目,逐项应有 70% 及以上的检验点合格,且不合格点不应集中分布。

3)各项报验资料应符合 SL 632—2012 的要求。

(2)优良等级标准。

1)主控项目,检验结果应全部符合 SL 632—2012 的要求。

2)一般项目,逐项应有 90% 及以上的检验点合格,且不合格点不应集中分布。

3)各项报验资料应符合 SL 632—2012 的要求。

表 10 安全监测仪器设备安装埋设单元工程施工质量验收评定表（样表）

单位工程名称		单元工程量	
分部工程名称		施工单位	
单元工程名称、部位		施工日期	年 月 日至 年 月 日

项次	工序名称（或编号）	工序质量验收评定等级
1	安全监测仪器设备检验	
2	△安全监测仪器安装埋设	
3	观测电缆敷设	
施工单位自评意见	各工序施工质量全部合格，其中优良工序占_____%，且主要工序达到_____等级，单元工程试块质量检验合格，各项报验资料_____SL 632—2012 的要求。 单元工程质量等级评定为：_____。 （签字，加盖公章） 年 月 日	
监理单位复核意见	经抽查并查验相关检验报告和检验资料，各工序施工质量全部合格，其中优良工序占_____%，且主要工序达到_____等级，单元工程试块质量检验合格，各项报验资料_____SL 632—2012 的要求。 单元工程质量等级评定为：_____。 （签字，加盖公章） 年 月 日	
注：本表所填"单元工程量"不作为施工单位工程量结算计量的依据。		

表 10　安全监测仪器设备安装埋设单元工程施工质量验收评定表（实例）

单位工程名称	大坝工程	单元工程量	
分部工程名称	安全监测工程	施工单位	×××省工程有限公司
单元工程名称、部位	D7－6测压管安装	施工日期	2016 年 6 月 12 日至 2016 年 6 月 16 日

项次	工序名称（或编号）	工序质量验收评定等级
1	安全监测仪器设备检验	优良
2	△安全监测仪器安装埋设	优良
3	观测电缆敷设	优良
施工单位自评意见	各工序施工质量全部合格，其中优良工序占__100__％，且主要工序达到__优良__等级，单元工程试块质量检验合格，各项报验资料__符合__SL 632—2012 的要求。 　　单元工程质量等级评定为：__优良__。 　　　　　　　　　　　　　　　　×××（签字，加盖公章） 　　　　　　　　　　　　　　　　2016 年 6 月 16 日	
监理单位复核意见	经抽查并查验相关检验报告和检验资料，各工序施工质量全部合格，其中优良工序占__100__％，且主要工序达到__优良__等级，单元工程试块质量检验合格，各项报验资料__符合__SL 632—2012 的要求。 　　单元工程质量等级评定为：__优良__。 　　　　　　　　　　　　　　　　×××（签字，加盖公章） 　　　　　　　　　　　　　　　　2016 年 6 月 16 日	
注：本表所填"单元工程量"不作为施工单位工程量结算计量的依据。		

表 10　安全监测仪器设备安装埋设单元工程施工质量验收评定表

填　表　要　求

填表时必须遵守"填表基本规定"，并应符合下列要求。

1. 单元工程划分：宜以每一单支监测仪器或建筑物结构、监测仪器分类划分为一个单元工程。

2. 单元工程量填写本单元工程量（套）。

3. 单元工程分为安全监测仪器设备检验、安全监测仪器安装埋设、观测电缆敷设 3 个工序，其中安全监测仪器安装埋设工序为主要工序，用△标注。本表须在表 10.1～表 10.3 所列各工序施工质量验收评定合格的基础上进行填写。

4. 单元工程施工质量验收评定应提交下列资料。

（1）施工单位应提交单元工程中所含工序（或检验项目）验收评定的检验资料，各项实体检验项目的检验记录资料，设备出厂合格证、安装说明书。

（2）监理单位应提交对单元工程施工质量的平行检测资料。

5. 单元工程质量标准。

（1）合格等级标准。各工序施工质量验收评定应全部合格；各项报验资料应符合 SL 632—2012 的要求。

（2）优良等级标准。各工序施工质量验收评定应全部合格，其中优良工序应达到 50％及以上，且主要工序应达到优良等级；各项报验资料应符合 SL 632—2012 的要求。

_____工程

表 10.1　　安全监测仪器设备检验工序施工质量验收评定表（样表）

单位工程名称			工序编号		
分部工程名称			施工单位		
单元工程名称、部位			施工日期	年　月　日至　　年　月　日		

项次		检验项目	质量要求	检查记录	合格数	合格率
主控项目	1	力学性能检验	符合设计和规范要求			
	2	防水性能检查	符合设计和规范要求			
	3	温度性能检验	检验仪器的温度、绝缘电阻满足设计及规范要求			
	4	电阻比电桥检验	绝缘电阻、零位电阻及变差、电阻比及电阻准确度、内附检流计灵敏度及工作时间符合规范要求			
	5	检验记录	准确、完整、清晰			
一般项目	1	仪器设备现场检验	检查仪器工作状态；校核仪器出厂参数；验证仪器各项质量指标			
	2	仪器保管	仪器设备安装埋设前，应存放在温度、湿度满足要求的仓库内上架保管			

施工单位自评意见	主控项目检验点全部合格，一般项目逐项检验点的合格率均不小于_____％，且不合格点不集中分布，各项报验资料_____SL 632—2012的要求。 　　工序质量等级评定为：_____。 （签字，加盖公章） 年　　月　　日
监理单位复核意见	经复核，主控项目检验点全部合格，一般项目逐项检验点的合格率均不小于_____％，且不合格点不集中分布，各项报验资料_____SL 632—2012的要求。 　　工序质量等级评定为：_____。 （签字，加盖公章） 年　　月　　日

表 10.1　　安全监测仪器设备检验工序施工质量验收评定表（实例）

单位工程名称	大坝工程	工序编号	DB－AJ－D7－6CY－01
分部工程名称	安全监测工程	施工单位	×××省工程有限公司
单元工程名称、部位	D7－6 测压管安装	施工日期	2016 年 6 月 12 日至 2016 年 6 月 12 日

项次		检验项目	质量要求	检查记录	合格数	合格率
主控项目	1	力学性能检验	符合设计和规范要求	力学性能检验符合设计和规范要求	/	100%
	2	防水性能检查	符合设计和规范要求	防水性能检查符合设计和规范要求	/	100%
	3	温度性能检验	检验仪器的温度、绝缘电阻满足设计及规范要求	温度性能检验符合设计和规范要求	/	100%
	4	电阻比电桥检验	绝缘电阻、零位电阻及变差、电阻比及电阻准确度、内附检流计灵敏度及工作时间符合规范要求	电阻比电桥检验符合设计和规范要求	/	100%
	5	检验记录	准确、完整、清晰	检验记录准确、完整、清晰	/	100%
一般项目	1	仪器设备现场检验	检查仪器工作状态；校核仪器出厂参数；验证仪器各项质量指标	仪器设备现场检验符合质量标准	/	100%
	2	仪器保管	仪器设备安装埋设前，应存放在温度、湿度满足要求的仓库内上架保管	仪器保管满足设计要求	/	100%

施工单位自评意见	主控项目检验点全部合格，一般项目逐项检验点的合格率均不小于 __90.0__ ％，且不合格点不集中分布，各项报验资料 __符合__ SL 632—2012 的要求。 　　工序质量等级评定为：__优良__。 　　　　　　　　　　　　　　　　　×××（签字，加盖公章） 　　　　　　　　　　　　　　　　　2016 年 6 月 12 日
监理单位复核意见	经复核，主控项目检验点全部合格，一般项目逐项检验点的合格率均不小于 __90.0__ ％，且不合格点不集中分布，各项报验资料 __符合__ SL 632—2012 的要求。 　　工序质量等级评定为：__优良__。 　　　　　　　　　　　　　　　　　×××（签字，加盖公章） 　　　　　　　　　　　　　　　　　2016 年 6 月 12 日

表 10.1 安全监测仪器设备检验工序施工质量验收评定表

填 表 要 求

填表时必须遵守"填表基本规定",并应符合下列要求。

1. 单位工程、分部工程、单元工程名称及部位填写应与表 10 相同。

2. 各检验项目的检验方法及检验数量按表 10-1 的要求执行。

表 10-1 安全监测仪器设备检验

检验项目	检验方法	检验数量
力学性能检验	对照检验率定记录检查	全面
防水性能检查	对照检验率定记录检查	
温度性能检验	对照检验率定记录检查,并与技术指标要求进行对比判定仪器是否合格	
电阻比电桥检验	对照规范要求检查	
检验记录	查阅原始记录,查阅仪器率定报告	逐个
仪器设备现场检验	检查合格证书	全面
仪器保管	对照记录检查,是否按要求进行保管	

3. 工序施工质量验收评定应提交下列资料。

(1) 施工单位各班(组)初检记录、施工队复检记录、施工单位专职质检员终检记录、工序中各施工质量检验项目的检验资料。

(2) 监理单位对工序中施工质量检验项目的平行检测资料。

4. 工序质量标准。

(1) 合格等级标准。

1) 主控项目,检验结果应全部符合 SL 632—2012 的要求。

2) 一般项目,逐项应有 70% 及以上的检验点合格,且不合格点不应集中分布。

3) 各项报验资料应符合 SL 632—2012 的要求。

(2) 优良等级标准。

1) 主控项目,检验结果应全部符合 SL 632—2012 的要求。

2) 一般项目,逐项应有 90% 及以上的检验点合格,且不合格点不应集中分布。

3) 各项报验资料应符合 SL 632—2012 的要求。

表 10.2   安全监测仪器安装埋设工序施工质量验收评定表（样表）

单位工程名称			工序编号			
分部工程名称			施工单位			
单元工程名称、部位			施工日期	年 月 日至 年 月 日		

项次		检验项目	质量要求	检查记录	合格数	合格率
主控项目	1	外观	表面无锈蚀、伤痕及裂痕，引出的电缆护套无损伤			
	2	规格、型号、数量	符合设计和规范要求			
	3	埋设部位预留孔槽、导管及各种预埋件	符合设计要求			
	4	观测用电缆连接与接线	符合规范要求			
	5	屏蔽电缆连接	各芯线应等长，电缆芯线和外套均可用热缩管热缩接头，也可采用专用电缆接头保护套			
一般项目	1	埋设仪器及附件预安装	埋设前应进行配套组装并检验合格			
	2	仪器编号	复查设计编号、出厂编号、自由状态测试			
	3	仪器安装埋设方向误差	应符合设计要求			
	4	基岩中仪器埋设	槽孔清洗干净，回填砂浆符合设计要求			
	5	混凝土中仪器埋设	符合设计要求			
	6	仪器保护检查调试	埋设过程中应经常监测仪器工作状态，发现异常及时采取补救或更换仪器。埋设应做好标记，派专人维护，以防损坏			
	7	仪器埋设记录	仪器埋设质量验收表、竣工图、考证表、测量资料、施工记录、安装照片和相关土建工作验收资料符合要求			
	8	观测时间及测次规定	仪器埋设后立即全面检测电阻比、温度电阻、总电阻、分线电阻和绝缘性能，判断仪器工作状态、采集初始读数			
施工单位自评意见		主控项目检验点全部合格，一般项目逐项检验点的合格率均不小于_____％，且不合格点不集中分布，各项报验资料_____SL 632—2012 的要求。 工序质量等级评定为：_____。 （签字，加盖公章） 年 月 日				
监理单位复核意见		经复核，主控项目检验点全部合格，一般项目逐项检验点的合格率均不小于_____％，且不合格点不集中分布，各项报验资料_____SL 632—2012 的要求。 工序质量等级评定为：_____。 （签字，加盖公章） 年 月 日				

_____×××水库除险加固_____工程

表 10.2   安全监测仪器安装埋设工序施工质量验收评定表（实例）

单位工程名称	大坝工程		工序编号	DB-AJ-D7-6CY-02		
分部工程名称	安全监测工程		施工单位	×××省工程有限公司		
单元工程名称、部位	D7-6 测压管安装		施工日期	2016 年 6 月 13 日至 2016 年 6 月 15 日		
项次		检验项目	质量要求	检查记录	合格数	合格率
主控项目	1	外观	表面无锈蚀、伤痕及裂痕，引出的电缆护套无损伤	外观无锈蚀、伤痕及裂痕，引出的电缆护套无损伤	/	100%
	2	规格、型号、数量	符合设计和规范要求	规格、型号、数量符合设计和规范要求	/	100%
	3	埋设部位预留孔槽、导管及各种预埋件	符合设计要求	埋设部位预留孔槽、导管及各种预埋件符合设计要求	/	100%
	4	观测用电缆连接与接线	符合规范要求	观测用电缆连接与接线符合规范要求	/	100%
	5	屏蔽电缆连接	各芯线应等长，电缆芯线和外套均可用热缩管热缩接头，也可采用专用电缆接头保护套	屏蔽电缆连接各芯线等长，电缆芯线和外套均用热缩管热缩接头，符合规范要求	/	100%
一般项目	1	埋设仪器及附件预安装	埋设前应进行配套组装并检验合格	埋设仪器及附件预安装已配套组装并检验合格	/	100%
	2	仪器编号	复查设计编号、出厂编号、自由状态测试	仪器编号符合设计编号、出厂编号，已进行自由状态测试	/	100%
	3	仪器安装埋设方向误差	应符合设计要求	仪器安装埋设方向误差符合设计要求	/	100%
	4	基岩中仪器埋设	槽孔清洗干净，回填砂浆符合设计要求	槽孔已清洗干净，回填砂浆符合设计要求	/	100%
	5	混凝土中仪器埋设	符合设计要求	混凝土中仪器埋设定位准确、安装牢固，浇筑混凝土时无移位和变形	/	100%
	6	仪器保护检查调试	埋设过程中应经常监测仪器工作状态，发现异常及时采取补救或更换仪器。埋设应做好标记，派专人维护，以防损坏	仪器保护检查调试符合质量标准和设计要求	/	100%
	7	仪器埋设记录	仪器埋设质量验收表、竣工图、考证表、测量资料、施工记录、安装照片和相关土建工作验收资料符合要求	仪器埋设记录准确、完整、清晰	/	100%
	8	观测时间及测次规定	仪器埋设后立即全面检测电阻比、温度电阻、总电阻、分线电阻和绝缘性能，判断仪器工作状态、采集初始读数	观测时间及测次规定符合设计和规范要求	/	100%
施工单位自评意见			主控项目检验点全部合格，一般项目逐项检验点的合格率均不小于 __90.0__ %，且不合格点不集中分布，各项报验资料 __符合__ SL 632—2012 的要求。 工序质量等级评定为：__优良__。 <div align="right">×××（签字，加盖公章） 2016 年 6 月 15 日</div>			
监理单位复核意见			经复核，主控项目检验点全部合格，一般项目逐项检验点的合格率均不小于 __90.0__ %，且不合格点不集中分布，各项报验资料 __符合__ SL 632—2012 的要求。 工序质量等级评定为：__优良__。 <div align="right">×××（签字，加盖公章） 2016 年 6 月 15 日</div>			

表 10.2　安全监测仪器安装埋设工序施工质量验收评定表

填　表　要　求

填表时必须遵守"填表基本规定"，并应符合下列要求。

1. 单位工程、分部工程、单元工程名称及部位填写应与表 10 相同。

2. 各检验项目的检验方法及检验数量按表 10-2 的要求执行。

表 10-2　　　　　　　　　　　安全监测仪器安装埋设检验

检验项目	检验方法	检验数量
外观	检查	逐个
规格、型号、数量		
埋设部位预留孔槽、导管及各种预埋件	检查测量放线资料	
观测用电缆连接与接线	对照设计图纸及厂家说明书检查	
屏蔽电缆连接	对照设计图纸及厂家说明书检查	
埋设仪器及附件预安装	按照相关规范要求检查	全面
仪器编号	全面检查	逐个
仪器安装埋设方向误差	对照相关规范要求检查	全面
基岩中仪器埋设	对照设计检查	
混凝土中仪器埋设	对照设计检查	
仪器保护检查调试	现场检查	
仪器埋设记录	位置准确、资料齐全、规格统一、记录真实可靠	逐个
观测时间及测次规定	检查观测温度、电阻读数记录资料	

3. 工序施工质量验收评定应提交下列资料。

（1）施工单位各班（组）初检记录、施工队复检记录、施工单位专职质检员终检记录、工序中各施工质量检验项目的检验资料。

（2）监理单位对工序中施工质量检验项目的平行检测资料。

4. 工序质量标准。

（1）合格等级标准。

1）主控项目，检验结果应全部符合 SL 632—2012 的要求。

2）一般项目，逐项应有 70% 及以上的检验点合格，且不合格点不应集中分布。

3）各项报验资料应符合 SL 632—2012 的要求。

（2）优良等级标准。

1）主控项目，检验结果应全部符合 SL 632—2012 的要求。

2）一般项目，逐项应有 90% 及以上的检验点合格，且不合格点不应集中分布。

3）各项报验资料应符合 SL 632—2012 的要求。

表 10.3　　　　观测电缆敷设工序施工质量验收评定表（样表）

单位工程名称			工序编号			
分部工程名称			施工单位			
单元工程名称、部位			施工日期	年　月　日至　　年　月　日		
项次	检验项目	质量要求	检查记录		合格数	合格率
主控项目	1	电缆编号	观测端应有 3 个编号；仪器端应有 1 个编号；每隔适当距离应有 1 个编号；编号材料应能防水、防污、防锈蚀			
	2	电缆接头连接质量	符合规范的要求；1.0MPa 压力水中接头绝缘电阻大于 50MΩ			
	3	水平敷设	符合规范和设计要求			
	4	垂直牵引	符合规范和设计要求			
一般项目	1	敷设路线	符合规范和设计要求			
	2	跨缝处理	符合规范和设计要求			
	3	止水处理	符合规范和设计要求			
	4	电缆布设保护	电缆的走向按设计要求，做好电缆临时测站保护箱及在牵引过程中保护等工作			
	5	电缆连通性和绝缘性能检查	按规定时段对电缆连通性和仪器状态及绝缘情况进行检查并填写检查记录和说明；在回填或埋入混凝土前后，立即检查			
施工单位自评意见	主控项目检验点全部合格，一般项目逐项检验点的合格率均不小于＿＿＿＿＿＿＿%，且不合格点不集中分布，各项报验资料＿＿＿＿＿＿SL 632—2012 的要求。 工序质量等级评定为：＿＿＿＿＿＿。 （签字，加盖公章） 年　　月　　日					
监理单位复核意见	经复核，主控项目检验点全部合格，一般项目逐项检验点的合格率均不小于＿＿＿＿＿＿%，且不合格点不集中分布，各项报验资料＿＿＿＿＿＿SL 632—2012 的要求。 工序质量等级评定为：＿＿＿＿＿＿。 （签字，加盖公章） 年　　月　　日					

表 10.3　　　　观测电缆敷设工序施工质量验收评定表（实例）

单位工程名称	大坝工程	工序编号	DB－AJ－D7－6CY－03
分部工程名称	安全监测工程	施工单位	×××省工程有限公司
单元工程名称、部位	D7－6 测压管安装	施工日期	2016 年 6 月 16 日至 2016 年 6 月 16 日

项次		检验项目	质量要求	检查记录	合格数	合格率
主控项目	1	电缆编号	观测端应有 3 个编号；仪器端应有 1 个编号；每隔适当距离应有 1 个编号；编号材料应能防水、防污、防锈蚀	电缆编号符合设计要求	/	100%
	2	电缆接头连接质量	符合规范的要求；1.0MPa 压力水中接头绝缘电阻大于 50MΩ	电缆接头连接质量符合规范的要求	/	100%
	3	水平敷设	符合规范和设计要求	水平敷设符合规范和设计要求	/	100%
	4	垂直牵引	符合规范和设计要求	垂直牵引符合规范和设计要求	/	100%
一般项目	1	敷设路线	符合规范和设计要求	敷设路线符合规范和设计要求	/	100%
	2	跨缝处理	符合规范和设计要求	跨缝处理符合规范和设计要求	/	100%
	3	止水处理	符合规范和设计要求	止水处理符合规范和设计要求	/	100%
	4	电缆布设保护	电缆的走向按设计要求，做好电缆临时测站保护箱及在牵引过程中保护等工作	电缆布设保护符合规范和设计要求	/	100%
	5	电缆连通性和绝缘性能检查	按规定时段对电缆连通性和仪器状态及绝缘情况进行检查并填写检查记录和说明；在回填或埋入混凝土前后，立即检查	电缆连通性和绝缘性能检查符合规范和设计要求	/	100%

施工单位自评意见	主控项目检验点全部合格，一般项目逐项检验点的合格率均不小于 __90.0__ ％，且不合格点不集中分布，各项报验资料 __符合__ SL 632—2012 的要求。 　　工序质量等级评定为：__优良__。 　　　　　　　　　　　　　　　　　×××（签字，加盖公章） 　　　　　　　　　　　　　　　　　2016 年 6 月 16 日
监理单位复核意见	经复核，主控项目检验点全部合格，一般项目逐项检验点的合格率均不小于 __90.0__ ％，且不合格点不集中分布，各项报验资料 __符合__ SL 632—2012 的要求。 　　工序质量等级评定为：__优良__。 　　　　　　　　　　　　　　　　　×××（签字，加盖公章） 　　　　　　　　　　　　　　　　　2016 年 6 月 16 日

表 10.3 观测电缆敷设工序施工质量验收评定表

填 表 要 求

填表时必须遵守"填表基本规定",并应符合下列要求。

1. 单位工程、分部工程、单元工程名称及部位填写应与表 10 相同。

2. 各检验项目的检验方法及检验数量按表 10-3 的要求执行。

表 10-3   观 测 电 缆 敷 设 检 验

检验项目	检验方法	检验数量
电缆编号	目测	逐根
电缆接头连接质量	按照规范和设计要求现场检查,必要时拍摄照片或录像	
水平敷设		
垂直牵引		
敷设路线	现场检查,必要时拍摄照片或录像	
跨缝处理		
止水处理		
电缆布设保护	检查保护措施是否得当,有无损坏现象	
电缆连通性和绝缘性能检查	使用测读仪表现场检查记录	

3. 工序施工质量验收评定应提交下列资料。

（1）施工单位各班（组）初检记录、施工队复检记录、施工单位专职质检员终检记录、工序中各施工质量检验项目的检验资料。

（2）监理单位对工序中施工质量检验项目的平行检测资料。

4. 工序质量标准。

（1）合格等级标准。

1）主控项目,检验结果应全部符合 SL 632—2012 的要求。

2）一般项目,逐项应有 70% 及以上的检验点合格,且不合格点不应集中分布。

3）各项报验资料应符合 SL 632—2012 的要求。

（2）优良等级标准。

1）主控项目,检验结果应全部符合 SL 632—2012 的要求。

2）一般项目,逐项应有 90% 及以上的检验点合格,且不合格点不应集中分布。

3）各项报验资料应符合 SL 632—2012 的要求。

表 11 **观测孔（井）单元工程施工质量验收评定表（样表）**

单位工程名称		单元工程量	
分部工程名称		施工单位	
单元工程名称、部位		施工日期	年 月 日至 年 月 日

项次	工序名称（或编号）	工序质量验收评定等级
1	观测孔（井）造孔	
2	测压管制作与安装	
3	△观测孔（井）率定	

施工单位自评意见	各工序施工质量全部合格，其中优良工序占_____%，且主要工序达到_____等级，单元工程试块质量检验合格，各项报验资料_____SL 632—2012 的要求。 　　单元工程质量等级评定为：_____。 （签字，加盖公章） 年　　月　　日
监理单位复核意见	经抽查并查验相关检验报告和检验资料，各工序施工质量全部合格，其中优良工序占_____%，且主要工序达到_____等级，单元工程试块质量检验合格，各项报验资料_____SL 632—2012 的要求。 　　单元工程质量等级评定为：_____。 （签字，加盖公章） 年　　月　　日

注：本表所填"单元工程量"不作为施工单位工程量结算计量的依据。

表 11　　　**观测孔（井）单元工程施工质量验收评定表（实例）**

单位工程名称	大坝工程	单元工程量	
分部工程名称	安全监测工程	施工单位	×××省工程有限公司
单元工程名称、部位	D3-6 观测孔	施工日期	2016 年 8 月 12 日至 2016 年 8 月 18 日

项次	工序名称（或编号）	工序质量验收评定等级
1	观测孔（井）造孔	优良
2	测压管制作与安装	优良
3	△观测孔（井）率定	优良
施工单位自评意见	各工序施工质量全部合格，其中优良工序占__100__%，且主要工序达到__优良__等级，单元工程试块质量检验合格，各项报验资料__符合__SL 632—2012 的要求。 　　单元工程质量等级评定为：__优良__。 　　　　　　　　　　　　　　　　　×××（签字，加盖公章） 　　　　　　　　　　　　　　　　　2016 年 8 月 18 日	
监理单位复核意见	经抽查并查验相关检验报告和检验资料，各工序施工质量全部合格，其中优良工序占__100__%，且主要工序达到__优良__等级，单元工程试块质量检验合格，各项报验资料__符合__SL 632—2012 的要求。 　　单元工程质量等级评定为：__优良__。 　　　　　　　　　　　　　　　　　×××（签字，加盖公章） 　　　　　　　　　　　　　　　　　2016 年 8 月 18 日	
注：本表所填"单元工程量"不作为施工单位工程量结算计量的依据。		

表 11　观测孔（井）单元工程施工质量验收评定表

填 表 要 求

填表时必须遵守"填表基本规定"，并应符合下列要求。

1. 单元工程划分：宜以每一独立的观测孔（井）划分为一个单元工程。

2. 单元工程量填写本单元工程量（孔/井）。

3. 单元工程分为观测孔（井）造孔、测压管制作与安装、观测孔（井）率定 3 个工序，其中观测孔（井）率定工序为主要工序，用△标注。本表须在表 11.1～表 11.3 所列各工序质量评定合格的基础上进行填写。

4. 单元工程施工质量验收评定应提交下列资料。

（1）施工单位应提交单元工程中所含工序（或检验项目）验收评定的检验资料、各项实体检验项目的检验记录资料。

（2）监理单位应提交对单元工程施工质量的平行检测资料。

5. 单元工程质量标准。

（1）合格等级标准。各工序施工质量验收评定应全部合格；各项报验资料应符合标准 SL 632—2012 的要求。

（2）优良等级标准。各工序施工质量验收评定应全部合格，其中优良工序应达到 50％及以上，且主要工序应达到优良等级；各项报验资料应符合 SL 632—2012 的要求。

表 11.1　　　　观测孔（井）造孔工序施工质量验收评定表（样表）

单位工程名称			工序编号		
分部工程名称			施工单位		
单元工程名称、部位			施工日期	年　月　日至　年　月　日	

项次		检验项目	质量要求	检查记录	合格数	合格率
主控项目	1	造孔工艺	符合设计要求			
	2	孔（井）尺寸	孔位允许偏差±10cm；孔深允许偏差 0～20cm；钻孔倾斜度小于 1%；孔径（有效孔径）允许偏差 0～2cm			
	3	洗孔	孔口回水清洁，肉眼观察无岩粉出现，洗孔时间不应小于 15min；孔底沉积厚度小于 200mm			
一般项目	1	造孔时间	在设计规定的时间段内			
	2	钻孔柱状图绘制	造孔过程中连续取样，对地层结构进行描绘，记录初见水位、终孔水位等			
	3	施工记录	内容齐全，满足设计要求			

施工单位自评意见	主控项目检验点全部合格，一般项目逐项检验点的合格率均不小于_____%，且不合格点不集中分布，各项报验资料_____SL 632—2012 的要求。 　　工序质量等级评定为：_____。 （签字，加盖公章） 年　月　日
监理单位复核意见	经复核，主控项目检验点全部合格，一般项目逐项检验点的合格率均不小于_____%，且不合格点不集中分布，各项报验资料_____SL 632—2012 的要求。 　　工序质量等级评定为：_____。 （签字，加盖公章） 年　月　日

表 11.1 观测孔（井）造孔工序施工质量验收评定表（实例）

单位工程名称	大坝工程		工序编号	DB－AJ－D7－6GC－01
分部工程名称	安全监测工程		施工单位	×××省工程有限公司
单元工程名称、部位	D3－6 观测孔		施工日期	2016 年 8 月 12 日至 2016 年 8 月 13 日

项次		检验项目	质量要求	检查记录	合格数	合格率
主控项目	1	造孔工艺	符合设计要求	造孔工艺符合设计要求	/	100%
	2	孔（井）尺寸	孔位允许偏差±10cm；孔深允许偏差 0～20cm；钻孔倾斜度小于 1%；孔径（有效孔径）允许偏差 0～2cm	孔位偏差实测值为 2cm；孔深偏差实测值为 3cm；倾斜度偏差实测值为 0%；孔径允许偏差实测值为 1cm	4	100%
	3	洗孔	孔口回水清洁，肉眼观察无岩粉出现，洗孔时间不应小于 15min；孔底沉积厚度小于 200mm	孔口回水清洁，肉眼观察无岩粉出现，洗孔时间大于 15min	/	100%
一般项目	1	造孔时间	在设计规定的时间段内	造孔时间符合设计要求	/	100%
	2	钻孔柱状图绘制	造孔过程中连续取样，对地层结构进行描绘，记录初见水位、终孔水位等	钻孔柱状图绘制符合规范要求	/	100%
	3	施工记录	内容齐全，满足设计要求	施工记录准确、完整、清晰满足设计要求	/	100%

施工单位自评意见	主控项目检验点全部合格，一般项目逐项检验点的合格率均不小于 __90.0__ %，且不合格点不集中分布，各项报验资料 __符合__ SL 632—2012 的要求。 工序质量等级评定为：__优良__ 。 ×××（签字，加盖公章） 2016 年 8 月 13 日
监理单位复核意见	经复核，主控项目检验点全部合格，一般项目逐项检验点的合格率均不小于 __90.0__ %，且不合格点不集中分布，各项报验资料 __符合__ SL 632—2012 的要求。 工序质量等级评定为：__优良__ 。 ×××（签字，加盖公章） 2016 年 8 月 13 日

表11.1 观测孔（井）造孔工序施工质量验收评定表
填 表 要 求

填表时必须遵守"填表基本规定"，并应符合下列要求。

1. 单位工程、分部工程、单元工程名称及部位填写应与表11相同。

2. 各检验项目的检验方法及检验数最按表11-1的要求执行。

表 11-1　　　　　　　　　观测孔（井）造孔检验

检验项目	检验方法	检验数量
造孔工艺	观察、查阅记录	逐孔
孔（井）尺寸	测量	
洗孔	现场检查、测量，查阅施工记录	逐个
造孔时间	观察、查阅记录	
钻孔柱状图绘制	查阅记录、钻孔柱状图	
施工记录	查阅	全数

3. 工序施工质量验收评定应提交下列资料。

（1）施工单位各班（组）初检记录、施工队复检记录、施工单位专职质检员终检记录、工序中各施工质量检验项目的检验资料。

（2）监理单位对工序中施工质量检验项目的平行检测资料。

4. 工序质量标准。

（1）合格等级标准。

1）主控项目，检验结果应全部符合 SL 632—2012 的要求。

2）一般项目，逐项应有70％及以上的检验点合格，且不合格点不应集中分布。

3）各项报验资料应符合 SL 632—2012 的要求。

（2）优良等级标准。

1）主控项目，检验结果应全部符合 SL 632—2012 的要求。

2）一般项目，逐项应有90％及以上的检验点合格，且不合格点不应集中分布。

3）各项报验资料应符合 SL 632—2012 的要求。

表 11.2　　　测压管制作与安装工序施工质量验收评定表（样表）

	单位工程名称			工序编号			
	分部工程名称			施工单位			
	单元工程名称、部位			施工日期	年　月　日至　年　月　日		
项次	检验项目		质量要求	检查记录		合格数	合格率
主控项目	1	材质规格	材质规格符合设计要求；顺直而无凹弯现象，无压伤和裂纹，管内清洁、未受腐蚀				
	2	滤管加工	透水段开孔孔径、位置满足设计要求，开孔周围无毛刺，用手触摸时不感到刺手，外包裹层结构及其加工工艺符合设计要求；管段两端外丝扣、外箍接头、管底焊接封闭满足设计要求				
	3	测压管安装	安装埋设后，及时测量管底高程、孔口高程、初见水位等。孔位允许偏差±10cm；孔深允许偏差±10cm；倾斜度小于1%				
一般项目	1	滤料填筑	下管前孔（井）底滤料、下管后管外滤料规格，填入高度及其填入工艺满足设计要求；测压管埋设过程中，套管应随回填反滤料而逐段拔出				
	2	封孔	封孔材料，黏土球粒径、潮解后的渗透系数、填入高度及其填入工艺满足设计要求				
	3	孔口保护	孔口保护设施、结构型式及尺寸满足设计要求				
	4	施工记录	内容齐全，满足设计要求				
施工单位自评意见	主控项目检验点全部合格，一般项目逐项检验点的合格率均不小于_____%，且不合格点不集中分布，各项报验资料_____SL 632—2012 的要求。 　　工序质量等级评定为：_____。 （签字，加盖公章） 年　　月　　日						
监理单位复核意见	经复核，主控项目检验点全部合格，一般项目逐项检验点的合格率均不小于_____%，且不合格点不集中分布，各项报验资料_____SL 632—2012 的要求。 　　工序质量等级评定为：_____。 （签字，加盖公章） 年　　月　　日						

＿＿×××水库＿＿工程

表 11.2　　测压管制作与安装工序施工质量验收评定表（实例）

单位工程名称	大坝工程	工序编号	DB－AJ－D7－6GC－02
分部工程名称	安全监测工程	施工单位	×××省工程有限公司
单元工程名称、部位	D3－6 观测孔	施工日期	2016 年 8 月 14 日至 2016 年 8 月 16 日

项次		检验项目	质量要求	检查记录	合格数	合格率
主控项目	1	材质规格	材质规格符合设计要求；顺直而无凹弯现象，无压伤和裂纹，管内清洁、未受腐蚀	测压管材质规格符合设计要求，顺直无凹弯现象，无压伤和裂纹，管内清洁、未受腐蚀	/	100%
	2	滤管加工	透水段开孔孔径、位置满足设计要求，开孔周围无毛刺，用手触摸时不感到刺手，外包裹层结构及其加工工艺符合设计要求；管段两端外丝扣、外箍接头、管底焊接封闭满足设计要求	透水段开孔孔径、位置满足设计要求，开孔周围无毛刺，外包裹层结构及其加工工艺符合设计要求，管段两端外丝扣、外箍接头、管底焊接封闭满足设计要求	/	100%
	3	测压管安装	安装埋设后，及时测量管底高程、孔口高程、初见水位等。孔位允许偏差±10cm；孔深允许偏差±10cm；倾斜度小于 1%	孔位偏差实测值为 3cm；孔深偏差实测值为 －2cm；倾斜度偏差实测值为 0%	3	100%
一般项目	1	滤料填筑	下管前孔（井）底滤料、下管后管外滤料规格，填入高度及其填入工艺满足设计要求；测压管埋设过程中，套管应随回填反滤料而逐段拔出	底滤料、外滤料规格填入高度及其填入工艺满足设计要求；测压管埋设过程中，套管随回填反滤料而逐段拔出	/	100%
	2	封孔	封孔材料，黏土球粒径、潮解后的渗透系数、填入高度及其填入工艺满足设计要求	封孔材料，黏土球粒径、潮解后的渗透系数、填入高度及其填入工艺满足设计要求	/	100%
	3	孔口保护	孔口保护设施、结构型式及尺寸满足设计要求	孔口保护设施、结构型式及尺寸满足设计要求	/	100%
	4	施工记录	内容齐全，满足设计要求	施工记录准确、完整、清晰满足设计要求	/	100%

施工单位自评意见	主控项目检验点全部合格，一般项目逐项检验点的合格率均不小于＿90.0＿%，且不合格点不集中分布，各项报验资料＿符合＿ SL 632—2012 的要求。 　　工序质量等级评定为：＿优良＿。 <div style="text-align:right">×××（签字，加盖公章） 2016 年 8 月 16 日</div>
监理单位复核意见	经复核，主控项目检验点全部合格，一般项目逐项检验点的合格率均不小于＿90.0＿%，且不合格点不集中分布，各项报验资料＿符合＿ SL 632—2012 的要求。 　　工序质量等级评定为：＿优良＿。 <div style="text-align:right">×××（签字，加盖公章） 2016 年 8 月 16 日</div>

220

表 11.2　测压管制作与安装工序施工质量验收评定表

填 表 要 求

填表时必须遵守"填表基本规定",并应符合下列要求。

1. 单位工程、分部工程、单元工程名称及部位填写应与表 11 相同。

2. 各检验项目的检验方法及检验数量按表 11-2 的要求执行。

表 11-2　　　　　　　　　　　测压管制作与安装检验

检验项目	检验方法	检验数量
材质规格	查阅合格证、材料试验或检验报告等	全部
滤管加工	观察、用手触摸,查阅记录	逐个
测压管安装	测量	逐孔
滤料填筑	观察,查阅记录	逐孔
封孔	观察,查阅记录	逐孔
孔口保护	观察,查阅记录	逐孔
施工记录	查阅	全数

3. 工序施工质量验收评定应提交下列资料。

(1) 施工单位各班(组)初检记录、施工队复检记录、施工单位专职质检员终检记录、工序中各施工质量检验项目的检验资料。

(2) 监理单位对工序中施工质量检验项目的平行检测资料。

4. 工序质量标准。

(1) 合格等级标准。

1) 主控项目,检验结果应全部符合 SL 632—2012 的要求。

2) 一般项目,逐项应有 70% 及以上的检验点合格,且不合格点不应集中分布。

3) 各项报验资料应符合 SL 632—2012 的要求。

(2) 优良等级标准。

1) 主控项目,检验结果应全部符合 SL 632—2012 的要求。

2) 一般项目,逐项应有 90% 及以上的检验点合格,且不合格点不应集中分布。

3) 各项报验资料应符合 SL 632—2012 的要求。

_____工程

表 11.3　　　观测孔（井）率定工序施工质量验收评定表（样表）

单位工程名称				工序编号			
分部工程名称				施工单位			
单元工程名称、部位				施工日期	年　月　日至　　年　月　日		

项次		检验项目	质量要求	检查记录	合格数	合格率
主控项目	1	率定方法	符合设计要求			
	2	注水量	满足设计要求			
	3	水位降值	在规定的时间内，符合设计要求			
一般项目	1	管内水位	试验前、后分别测量管内水位，允许偏差±2cm			
	2	观测孔（井）考证	按设计要求的格式填制考证表			
	3	施工期观测	观测频次、成果记录、成果分析符合设计要求			
	4	施工记录	内容齐全，满足设计要求			

施工单位自评意见	主控项目检验点全部合格，一般项目逐项检验点的合格率均不小于_____%，且不合格点不集中分布，各项报验资料_____SL 632—2012 的要求。 　　工序质量等级评定为：_____。 　　　　　　　　　　　　　　　　　　　　（签字，加盖公章） 　　　　　　　　　　　　　　　　　　　　　　年　　　月　　　日
监理单位复核意见	经复核，主控项目检验点全部合格，一般项目逐项检验点的合格率均不小于_____%，且不合格点不集中分布，各项报验资料_____SL 632—2012 的要求。 　　工序质量等级评定为：_____。 　　　　　　　　　　　　　　　　　　　　（签字，加盖公章） 　　　　　　　　　　　　　　　　　　　　　　年　　　月　　　日

222

表 11.3　　观测孔（井）率定工序施工质量验收评定表（实例）

单位工程名称		大坝工程		工序编号		DB－AJ－D7－6GC－03	
分部工程名称		安全监测工程		施工单位		×××省工程有限公司	
单元工程名称、部位		D3－6 观测孔		施工日期		2016 年 8 月 17 日至 2016 年 8 月 18 日	
项次		检验项目	质量要求	检查记录		合格数	合格率
主控项目	1	率定方法	符合设计要求	率定方法符合设计要求		/	100％
	2	注水量	满足设计要求	注水量满足设计要求		/	100％
	3	水位降值	在规定的时间内，符合设计要求	水位降值在规定的时间内，符合设计要求		/	100％
一般项目	1	管内水位	试验前、后分别测量管内水位，允许偏差±2cm	试验前后实测偏差为 1cm、1.6cm		2	100％
	2	观测孔（井）考证	按设计要求的格式填制考证表	观测孔考证满足设计要求		/	100％
	3	施工期观测	观测频次、成果记录、成果分析符合设计要求	施工期观测频次、成果记录、成果分析符合设计要求		/	100％
	4	施工记录	内容齐全，满足设计要求	施工记录准确、完整、清晰，满足设计要求		/	100％
施工单位自评意见		主控项目检验点全部合格，一般项目逐项检验点的合格率均不小于 __90.0__ ％，且不合格点不集中分布，各项报验资料 __符合__ SL 632—2012 的要求。 　　工序质量等级评定为： __优良__ 。 　　　　　　　　　　　　　　　　　　　×××（签字，加盖公章） 　　　　　　　　　　　　　　　　　　　2016 年 8 月 18 日					
监理单位复核意见		经复核，主控项目检验点全部合格，一般项目逐项检验点的合格率均不小于 __90.0__ ％，且不合格点不集中分布，各项报验资料 __符合__ SL 632—2012 的要求。 　　工序质量等级评定为： __优良__ 。 　　　　　　　　　　　　　　　　　　　×××（签字，加盖公章） 　　　　　　　　　　　　　　　　　　　2016 年 8 月 18 日					

表 11.3 观测孔（井）率定工序施工质量验收评定表
填 表 要 求

填表时必须遵守"填表基本规定"，并应符合下列要求。

1. 单位工程、分部工程、单元工程名称及部位填写应与表 11 相同。

2. 各检验项目的检验方法及检验数量按表 11-3 的要求执行。

表 11-3   观测孔（井）率定检验

检验项目	检验方法	检验数量
率定方法	查阅率定预案	全数
注水量	测量	逐孔
水位降值		
管内水位	测量，查阅记录	
观测孔（井）考证	查阅，对照记录检查	全数
施工期观测	查阅	
施工记录		

3. 工序施工质量验收评定应提交下列资料。

（1）施工单位各班（组）初检记录、施工队复检记录、施工单位专职质检员终检记录、工序中各施工质量检验项目的检验资料。

（2）监理单位对工序中施工质量检验项目的平行检测资料。

4. 工序质量标准。

（1）合格等级标准。

1）主控项目，检验结果应全部符合 SL 632—2012 的要求。

2）一般项目，逐项应有 70% 及以上的检验点合格，且不合格点不应集中分布。

3）各项报验资料应符合 SL 632—2012 的要求。

（2）优良等级标准。

1）主控项目，检验结果应全部符合 SL 632—2012 的要求。

2）一般项目，逐项应有 90% 及以上的检验点合格，且不合格点不应集中分布。

3）各项报验资料应符合 SL 632—2012 的要求。

表12 外部变形观测设施垂线安装单元工程施工质量验收评定表（样表）

	单位工程名称			单元工程量		
	分部工程名称			施工单位		
	单元工程名称、部位			施工日期	年　月　日至　年　月　日	

项次		检验项目	质量要求	检查结果	合格数	合格率
正垂线安装	主控项目	1 垂线材质、规格、温度膨胀系数	符合设计要求；安装位置稳定，且调换方便			
		2 支点、固定夹线和活动夹线装置安装位置	符合设计要求			
		3 重锤及其阻尼箱规格	符合设计要求			
	一般项目	1 预留孔或预埋件位置	符合设计要求			
		2 防风管	安装牢固，中心位置和测线一致			
倒垂线安装	主控项目	1 倒垂线钻孔	孔位允许偏差±10cm；孔深允许偏差0~20cm；钻孔倾斜度小于0.1%；孔径（有效孔径）允许偏差0~2cm			
		2 垂线材质、规格	符合设计要求			
		3 锚块	锚块高出水泥浆面约10cm；埋设位置使垂线处于保护管有效孔径中心，允许偏差±5mm			
		4 浮体组安装	浮子水平，连接杆垂直并在油桶中心，处于自由状态			
	一般项目	1 防风管和防风管中心位置	和测线一致，保证测线在管中有足够的位移范围			
		2 观测墩	与坝体牢固结合，基座面水平，其允许偏差不大于4′			
		3 孔口保护装置	符合设计要求			
		4 钻孔柱状图绘制	造孔过程中应连续取样，并对地层结构进行描述，并记录初见水位、终孔水位			

施工单位自评意见	主控项目检验点全部合格，一般项目逐项检验点的合格率均不小于_____%，且不合格点不集中分布，各项报验资料_____SL 632—2012的要求。 单元工程质量等级评定为：_____。 （签字，加盖公章） 年　月　日
监理单位复核意见	经抽查并查验相关检验报告和检验资料，主控项目检验点全部合格，一般项目逐项检验点的合格率均不小于_____%，且不合格点不集中分布，各项报验资料_____SL 632—2012的要求。 单元工程质量等级评定为：_____。 （签字，加盖公章） 年　月　日

注：本表所填"单元工程量"不作为施工单位工程量结算计量的依据。

表12　外部变形观测设施垂线安装单元工程施工质量验收评定表（实例）

单位工程名称			大坝工程		单元工程量		
分部工程名称			安全监测工程		施工单位	×××省工程有限公司	
单元工程名称、部位			1#倒垂孔		施工日期	2016年9月2日至2016年9月4日	
项次			检验项目	质量要求	检查结果	合格数	合格率
正垂线安装	主控项目	1	垂线材质、规格、温度膨胀系数	符合设计要求；安装位置稳定，且调换方便	垂线材质、规格、温度膨胀系数安装位置稳定，且调换方便，符合设计要求	/	100%
		2	支点、固定夹线和活动夹线装置安装位置	符合设计要求	支点、固定夹线和活动夹线装置安装位置符合设计要求	/	100%
		3	重锤及其阻尼箱规格	符合设计要求	重锤及其阻尼箱规格符合设计要求	/	100%
	一般项目	1	预留孔或预埋件位置	符合设计要求	预留孔或预埋件位置符合设计要求	/	100%
		2	防风管	安装牢固，中心位置和测线一致	防风管安装牢固，中心位置和测线一致	/	100%
倒垂线安装	主控项目	1	倒垂线钻孔	孔位允许偏差±10cm；孔深允许偏差0～20cm；钻孔倾斜度小于0.1%；孔径（有效孔径）允许偏差0～2cm	孔位偏差实测值为3cm；孔深偏差实测值为5cm；倾斜度偏差实测值为0%；孔径偏差实测值为1cm	4	100%
		2	垂线材质、规格	符合设计要求	垂线材质、规格符合设计要求	/	100%
		3	锚块	锚块高出水泥浆约10cm；埋设位置使垂线处于保护管有效孔径中心，允许偏差±5mm	偏差实测值为10cm、2mm	2	100%
		4	浮体组安装	浮子水平，连接杆垂直并在油桶中心，处于自由状态	浮子水平，连接杆垂直并在油桶中心，处于自由状态	/	100%
	一般项目	1	防风管和防风管中心位置	和测线一致，保证测线在管中有足够的位移范围	防风管和防风管中心位置和测线一致，测线在管中有足够的位移范围	/	100%
		2	观测墩	与坝体牢固结合，基座面水平，其允许偏差不大于4′	观测墩与坝体牢固结合，基座面水平，其偏差为1′	1	100%
		3	孔口保护装置	符合设计要求	孔口保护装置符合设计要求	/	100%
		4	钻孔柱状图绘制	造孔过程中应连续取样，并对地层结构进行描述，并记录初见水位、终孔水位	钻孔柱状图绘制符合规范要求	/	100%
施工单位自评意见			主控项目检验点全部合格，一般项目逐项检验点的合格率均不小于　90.0　%，且不合格点不集中分布，各项报验资料　符合　SL 632—2012的要求。 单元工程质量等级评定为：　优良　。 　　　　　　　　　　　　　　　　　　　×××（签字，加盖公章） 　　　　　　　　　　　　　　　　　　　2016年9月4日				
监理单位复核意见			经抽查并查验相关检验报告和检验资料，主控项目检验点全部合格，一般项目逐项检验点的合格率均不小于　90.0　%，且不合格点不集中分布，各项报验资料　符合　SL 632—2012的要求。 单元工程质量等级评定为：　优良　。 　　　　　　　　　　　　　　　　　　　×××（签字，加盖公章） 　　　　　　　　　　　　　　　　　　　2016年9月4日				

注：本表所填"单元工程量"不作为施工单位工程量结算计量的依据。

表 12　外部变形观测设施垂线安装单元工程施工质量验收评定表

填　表　要　求

填表时必须遵守"填表基本规定"，并应符合下列要求。

1. 单元工程划分：宜以每一单支仪器或按照建筑物结构、监测仪器分类划分为一个单元工程。

2. 单元工程量填写本单元工程量（套）。

3. 各检验项目的检验方法及检验数量按表 12-1 的要求执行。

表 12-1　　　　　　　　　外部变形观测设施垂线安装检验

	检验项目	检验方法	检验数量
正垂线安装	垂线材质、规格、温度膨胀系数	观察、量测，查阅材料检测报告	全数
	支点、固定夹线和活动夹线装置安装位置	量测	
	重锤及其阻尼箱规格	观察、量测	全面
	预留孔或预埋件位置	量测	全数
	防风管		全面
倒垂线安装	倒垂线钻孔		逐孔
	垂线材质、规格	观察、量测	全数
	锚块	量测	
	浮体组安装	检查施工记录	
	防风管和防风管中心位置	量测	
	观测墩	对照图纸检查，量测	
	孔口保护装置		
	钻孔柱状图绘制	查阅施工记录、钻孔柱状图	逐孔

4. 单元工程施工质量验收评定应提交下列资料。

（1）施工单位应提交单元工程中所含工序（或检验项目）验收评定的检验资料、各项实体检验项目的检验记录资料。

（2）监理单位应提交对单元工程施工质量的平行检测资料。

5. 单元工程质量标准。

（1）合格等级标准。

1）主控项目，检验结果应全部符合 SL 632—2012 的要求。

2）一般项目，逐项应有 70％及以上的检验点合格，且不合格点不应集中分布。

3）各项报验资料应符合 SL 632—2012 的要求。

（2）优良等级标准。

1）主控项目，检验结果应全部符合 SL 632—2012 的要求。

2）一般项目，逐项应有 90％及以上的检验点合格，且不合格点不应集中分布。

3）各项报验资料应符合 SL 632—2012 的要求。

表 13 外部变形观测设施引张线安装单元工程施工质量验收评定表（样表）

项次		检验项目	质量要求	检查结果	合格数	合格率
主控项目	1	端点滑轮、线垂连接器、重锤、定位卡	符合设计要求；误差值不大于设计规定			
	2	测点水箱、浮船（盒）、读数设备	符合设计要求；误差值不大于设计规定			
一般项目	1	端点混凝土墩座	符合设计要求			
	2	测点位置、保护箱	符合设计要求			
	3	测线	规格符合设计要求，安装平顺			
	4	保护管	支架安装牢固，规格符合设计要求，测线位于保护管中心			

施工单位自评意见	主控项目检验点全部合格，一般项目逐项检验点的合格率均不小于_____%，且不合格点不集中分布，各项报验资料_____SL 632—2012的要求。 单元工程质量等级评定为：_____。 （签字，加盖公章） 年　月　日
监理单位复核意见	经抽查并查验相关检验报告和检验资料，主控项目检验点全部合格，一般项目逐项检验点的合格率均不小于_____%，且不合格点不集中分布，各项报验资料_____SL 632—2012的要求。 单元工程质量等级评定为：_____。 （签字，加盖公章） 年　月　日

注：本表所填"单元工程量"不作为施工单位工程量结算计量的依据。

表 13　外部变形观测设施引张线安装单元工程施工质量验收评定表（实例）

单位工程名称	大坝工程		单元工程量			
分部工程名称	安全监测工程		施工单位	×××省工程有限公司		
单元工程名称、部位	B3－1 变形观测引张线安装		施工日期	2016 年 9 月 12 日至 2016 年 9 月 13 日		
项次		检验项目	质量要求	检查结果	合格数	合格率
主控项目	1	端点滑轮、线垂连接器、重锤、定位卡	符合设计要求；误差值不大于设计规定	端点滑轮、线垂连接器、重锤、定位卡误差值不大于设计规定，符合设计要求	/	100％
	2	测点水箱、浮船（盒）、读数设备	符合设计要求；误差值不大于设计规定	测点水箱、浮船、读数设备误差值不大于设计规定，符合设计要求	/	100％
一般项目	1	端点混凝土墩座	符合设计要求	端点混凝土墩座符合设计要求	/	100％
	2	测点位置、保护箱	符合设计要求	测点位置、保护箱符合设计要求	/	100％
	3	测线	规格符合设计要求，安装平顺	测线规格符合设计要求，安装平顺	/	100％
	4	保护管	支架安装牢固，规格符合设计要求，测线位于保护管中心	保护管支架安装牢固，规格符合设计要求，测线位于保护管中心	/	100％
施工单位自评意见	主控项目检验点全部合格，一般项目逐项检验点的合格率均不小于　90.0　％，且不合格点不集中分布，各项报验资料　符合　SL 632—2012 的要求。 　　单元工程质量等级评定为：　优良　。 　　　　　　　　　　　　　　　　　　　×××（签字，加盖公章） 　　　　　　　　　　　　　　　　　　　2016 年 9 月 13 日					
监理单位复核意见	经抽查并查验相关检验报告和检验资料，主控项目检验点全部合格，一般项目逐项检验点的合格率均不小于　90.0　％，且不合格点不集中分布，各项报验资料　符合　SL 632—2012 的要求。 　　单元工程质量等级评定为：　优良　。 　　　　　　　　　　　　　　　　　　　×××（签字，加盖公章） 　　　　　　　　　　　　　　　　　　　2016 年 9 月 13 日					
注：本表所填"单元工程量"不作为施工单位工程量结算计量的依据。						

表 13 外部变形观测设施引张线安装单元工程施工质量验收评定表

填 表 要 求

填表时必须遵守"填表基本规定",并应符合下列要求。

1. 单元工程划分:宜以每一单支仪器或按照建筑物结构、监测仪器分类划分为一个单元工程。

2. 单元工程量填写本单元工程量(套)。

3. 各检验项目的检验方法及检验数量按表 13-1 的要求执行。

表 13-1   外部变形观测设施引张线安装检验

检验项目	检验方法	检验数量
端点滑轮、线垂连接器、重锤、定位卡	对照图纸检查,现场调试	逐个
测点水箱、浮船(盒)、读数设备		
端点混凝土墩座	对照图纸检查,现场测量	
测点位置、保护箱	量测	
测线	查看材料,查阅检测报告	逐根
保护管	查阅施工记录,量测	全数

4. 单元工程施工质量验收评定应提交下列资料。

(1)施工单位应提交单元工程中所含工序(或检验项目)验收评定的检验资料、各项实体检验项目的检验记录资料。

(2)监理单位应提交对单元工程施工质量的平行检测资料。

5. 单元工程质量标准。

(1)合格等级标准。

1)主控项目,检验结果应全部符合 SL 632—2012 的要求。

2)一般项目,逐项应有 70% 及以上的检验点合格,且不合格点不应集中分布。

3)各项报验资料应符合 SL 632—2012 的要求。

(2)优良等级标准。

1)主控项目,检验结果应全部符合 SL 632—2012 的要求。

2)一般项目,逐项应有 90% 及以上的检验点合格,且不合格点不应集中分布。

3)各项报验资料应符合 SL 632—2012 的要求。

表 14 外部变形观测设施视准线安装单元工程施工质量验收评定表（样表）

	单位工程名称			单元工程量		
	分部工程名称			施工单位		
	单元工程名称、部位			施工日期	年 月 日至 年 月 日	
项次	检验项目	质量要求	检查结果	合格数	合格率	
主控项目	1	观测墩顶部强制对中底盘	尺寸允许偏差0.2mm。水平倾斜度允许偏差不大于4′			
	2	同段测点底盘中心位置	在两端点底盘中心的连线上，允许偏差20mm			
一般项目	1	视准线旁离障碍物距离	>1m			
	2	观测墩	埋设位置、外形尺寸以及钢筋混凝土标号等满足设计要求。观测墩在新鲜的岩石或稳定土层内			
施工单位自评意见	主控项目检验点全部合格，一般项目逐项检验点的合格率均不小于_____％，且不合格点不集中分布，各项报验资料_____SL 632—2012的要求。 单元工程质量等级评定为：_____。 （签字，加盖公章） 年 月 日					
监理单位复核意见	经抽查并查验相关检验报告和检验资料，主控项目检验点全部合格，一般项目逐项检验点的合格率均不小于_____％，且不合格点不集中分布，各项报验资料_____SL 632—2012的要求。 单元工程质量等级评定为：_____。 （签字，加盖公章） 年 月 日					

注：本表所填"单元工程量"不作为施工单位工程量结算计量的依据。

表 14　外部变形观测设施视准线安装单元工程施工质量验收评定表（实例）

单位工程名称	大坝工程		单元工程量	
分部工程名称	安全监测工程		施工单位	×××省工程有限公司
单元工程名称、部位	B3-1 变形观测视准线安装		施工日期	2016 年 9 月 21 日至 2016 年 9 月 21 日

项次		检验项目	质量要求	检查结果	合格数	合格率
主控项目	1	观测墩顶部强制对中底盘	尺寸允许偏差 0.2mm。水平倾斜度允许偏差不大于 4′	尺寸偏差实测值为 0.1mm；水平倾斜度偏差实测值为 2′	2	100%
	2	同段测点底盘中心位置	在两端点底盘中心的连线上，允许偏差 20mm	偏差实测值为 10mm	1	100%
一般项目	1	视准线旁离障碍物距离	＞1m	视准线旁无障碍物	/	100%
	2	观测墩	埋设位置、外形尺寸以及钢筋混凝土标号等满足设计要求。观测墩在新鲜的岩石或稳定土层内	观测墩在稳定土层内、埋设位置、外形尺寸以及钢筋混凝土标号等满足设计要求	/	100%
施工单位自评意见			主控项目检验点全部合格，一般项目逐项检验点的合格率均不小于　90.0　％，且不合格点不集中分布，各项报验资料　符合　SL 632—2012 的要求。 　　单元工程质量等级评定为：　优良　。 　　　　　　　　　　　　　　　　　　　　　　×××（签字，加盖公章） 　　　　　　　　　　　　　　　　　　　　　　2016 年 9 月 21 日			
监理单位复核意见			经抽查并查验相关检验报告和检验资料，主控项目检验点全部合格，一般项目逐项检验点的合格率均不小于　90.0　％，且不合格点不集中分布，各项报验资料　符合　SL 632—2012 的要求。 　　单元工程质量等级评定为：　优良　。 　　　　　　　　　　　　　　　　　　　　　　×××（签字，加盖公章） 　　　　　　　　　　　　　　　　　　　　　　2016 年 9 月 21 日			
注：本表所填"单元工程量"不作为施工单位工程量结算计量的依据。						

表 14 外部变形观测设施视准线安装单元工程施工质量验收评定表

填 表 要 求

填表时必须遵守"填表基本规定",并应符合下列要求。

1. 单元工程划分:宜以每一单支仪器或按照建筑物结构、监测仪器分类划分为一个单元工程。

2. 单元工程量填写本单元工程量(套)。

3. 各检验项目的检验方法及检验数量按表 14-1 的要求执行。

表 14-1　　　　　　　　　外部变形观测设施视准线安装检验

检验项目	检验方法	检验数量
观测墩顶部强制对中底盘	量测	逐个
同段测点底盘中心位置		
视准线旁离障碍物距离		全数
观测墩	观测、测量、查看施工记录	逐个

4. 单元工程施工质量验收评定应提交下列资料。

(1) 施工单位应提交单元工程中所含工序(或检验项目)验收评定的检验资料、各项实体检验项目的检验记录资料。

(2) 监理单位应提交对单元工程施工质量的平行检测资料。

5. 单元工程质量标准。

(1) 合格等级标准。

1) 主控项目,检验结果应全部符合 SL 632—2012 的要求。

2) 一般项目,逐项应有 70% 及以上的检验点合格,且不合格点不应集中分布。

3) 各项报验资料应符合 SL 632—2012 的要求。

(2) 优良等级标准。

1) 主控项目,检验结果应全部符合 SL 632—2012 的要求。

2) 一般项目,逐项应有 90% 及以上的检验点合格,且不合格点不应集中分布。

3) 各项报验资料应符合 SL 632—2012 的要求。

表15 外部变形观测设施激光准直安装单元工程施工质量验收评定表（样表）

单位工程名称				单元工程量			
分部工程名称				施工单位			
单元工程名称、部位				施工日期	年 月 日至	年 月 日	

项次			检验项目	质量要求	检查结果	合格数	合格率
真空激光准直安装	主控项目	1	真空管道内壁清理	清洁，无锈皮、杂物和灰尘			
		2	测点箱与法兰管的焊接	焊接质量	焊接质量短管内外两面焊。长管道的焊接，在两端打出高5mm的30°坡口，采用两层焊		
				效果检查	无漏孔		
		3	点光源的小孔光缆、激光探测仪和端点观测墩	结合牢固，两者位置稳定不变			
		4	波带板与准直线	波带板中心在准直线上，偏离值小于10mm，距点光源最近的几个测点偏离值小于3mm，波带板的板面垂直于基准线			
	一般项目	1	观测墩的位置	便于测点固定			
		2	保护管的安装	符合设计要求			
大气激光准直安装	主控项目	1	点光源的小孔光缆、激光探测仪和端点观测墩	结合牢固，两者位置稳定不变			
		2	波带板与准直线	波带板中心在准直线上，偏离值小于10mm，距点光源最近的几个测点偏离值小于3mm，波带板的板面垂直于基准线			
	一般项目	1	测点观测墩的位置	便于测点固定			
		2	保护管的安装	符合设计要求			

施工单位自评意见	主控项目检验点全部合格，一般项目逐项检验点的合格率均不小于_____％，且不合格点不集中分布，各项报验资料_____SL 632—2012的要求。 单元工程质量等级评定为：_____。 （签字，加盖公章） 年 月 日
监理单位复核意见	经抽查并查验相关检验报告和检验资料，主控项目检验点全部合格，一般项目逐项检验点的合格率均不小于_____％，且不合格点不集中分布，各项报验资料_____SL 632—2012的要求。 单元工程质量等级评定为：_____。 （签字，加盖公章） 年 月 日
注：本表所填"单元工程量"不作为施工单位工程量结算计量的依据。	

表15 外部变形观测设施激光准直安装单元工程施工质量验收评定表（实例）

单位工程名称	大坝工程		单元工程量			
分部工程名称	安全监测工程		施工单位	×××省工程有限公司		
单元工程名称、部位	B3-1变形观测激光准直安装		施工日期	2016年9月28日至2016年9月28日		
项次		检验项目	质量要求	检查记录	合格数	合格率

项次			检验项目	质量要求	检查记录	合格数	合格率
真空激光准直安装	主控项目	1	真空管道内壁清理	清洁，无锈皮、杂物和灰尘	真空管道内壁清洁，无锈皮、杂物和灰尘，符合质量标准和设计要求	/	100%
		2	测点箱与法兰管的焊接　焊接质量	焊接质量短管内外两面焊。长管道的焊接，在两端打出高5mm的30°坡口，采用两层焊	焊接质量短管内外两面焊。长管道的焊接，在两端打出高5mm的30°坡口，采用两层焊	/	100%
			效果检查	无漏孔	无漏孔	/	100%
		3	点光源的小孔光缆、激光探测仪和端点观测墩	结合牢固，两者位置稳定不变	点光源的小孔光缆、激光探测仪和端点观测墩结合牢固，两者位置稳定不变，符合设计要求	/	100%
		4	波带板与准直线	波带板中心在准直线上，偏离值小于10mm，距点光源最近的几个测点偏离值小于3mm，波带板的板面垂直于基准线	波带板中心在准直线上的偏离值为2mm；波带板距点光源最近几个测点的偏离值为2mm	2	100%
	一般项目	1	观测墩的位置	便于测点固定	观测墩在稳定土层内、埋设位置、外形尺寸以及钢筋混凝土标号等满足设计要求	/	100%
		2	保护管的安装	符合设计要求	保护管的安装符合设计要求	/	100%
大气激光准直安装	主控项目	1	点光源的小孔光缆、激光探测仪和端点观测墩	结合牢固，两者位置稳定不变	点光源的小孔光缆、激光探测仪和端点观测墩结合牢固，两者位置稳定不变	/	100%
		2	波带板与准直线	波带板中心在准直线上，偏离值小于10mm，距点光源最近的几个测点偏离值小于3mm，波带板的板面垂直于基准线	波带板中心在准直线上的偏离值为3mm；波带板距点光源最近几个测点的偏离值为1mm	2	100%
	一般项目	1	测点观测墩的位置	便于测点固定	测点观测墩在稳定土层内、埋设位置、外形尺寸以及钢筋混凝土标号等满足设计要求	/	100%
		2	保护管的安装	符合设计要求	保护管的安装符合设计要求	/	100%
施工单位自评意见	主控项目检验点全部合格，一般项目逐项检验点的合格率均不小于 __90.0__ %，且不合格点不集中分布，各项报验资料 __符合__ SL 632—2012 的要求。 单元工程质量等级评定为：__优良__ 。 <div style="text-align:right">×××（签字，加盖公章） 2016年9月28日</div>					
监理单位复核意见	经抽查并查验相关检验报告和检验资料，主控项目检验点全部合格，一般项目逐项检验点的合格率均不小于 __90.0__ %，且不合格点不集中分布，各项报验资料 __符合__ SL 632—2012 的要求。 单元工程质量等级评定为：__优良__ 。 <div style="text-align:right">×××（签字，加盖公章） 2016年9月28日</div>					
注：本表所填"单元工程量"不作为施工单位工程量结算计量的依据。						

表 15　外部变形观测设施激光准直安装单元工程施工质量验收评定表

填表时必须遵守"填表基本规定",并应符合下列要求。

1. 单元工程划分:宜以每一单支仪器或按照建筑物结构、监测仪器分类划分为一个单元工程。

2. 单元工程量填写本单元工程量(套)。

3. 各检验项目的检验方法及检验数量按表 15 - 1 的要求执行。

表 15 - 1　　　　　　　　　外部变形观测设施激光准直安装检验

检验项目		检验方法	检验数量
真空激光准直安装	真空管道内壁清理	观察	在安装前、后,以及正式投入运行前反复进行数次
	测点箱与法兰管的焊接　焊接质量	量测	每个测点箱和每段管道焊接处至少量测 1 次
	测点箱与法兰管的焊接　效果检查	检测,可采用充气、涂肥皂水观察法	每个测点箱和每段管道焊接完成后至少量测 1 次
	点光源的小孔光缆、激光探测仪和端点观测墩	检测	全数
	波带板与准直线	测量	全面
	观测墩的位置	观察	
	保护管的安装		
大气激光准直安装	点光源的小孔光缆、激光探测仪和端点观测墩	检测	全数
	波带板与准直线	量测	
	测点观测墩的位置	观察	全面
	保护管的安装		

4. 单元工程施工质量验收评定应提交下列资料。

(1) 施工单位应提交单元工程中所含工序(或检验项目)验收评定的检验资料、各项实体检验项目的检验记录资料。

(2) 监理单位应提交对单元工程施工质量的平行检测资料。

5. 单元工程质量标准。

(1) 合格等级标准。

1) 主控项目,检验结果应全部符合 SL 632—2012 的要求。

2) 一般项目,逐项应有 70% 及以上的检验点合格,且不合格点不应集中分布。

3) 各项报验资料应符合 SL 632—2012 的要求。

(2) 优良等级标准。

1) 主控项目,检验结果应全部符合 SL 632—2012 的要求。

2) 一般项目,逐项应有 90% 及以上的检验点合格,且不合格点不应集中分布。

3) 各项报验资料应符合 SL 632—2012 的要求。